- 国家863计划重大项目（2009AA01A401）
- 国家973计划项目（2011CB302300）

信息存储技术专利数据分析

冯 丹 曾令仿 著

知识产权出版社

全国百佳图书出版单位

图书在版编目（CIP）数据

信息存储技术专利数据分析/冯丹，曾令仿著. —北京：
知识产权出版社，2016.1

ISBN 978 - 7 - 5130 - 3806 - 5

Ⅰ.①信… Ⅱ.①冯… ②曾… Ⅲ.①信息存储—专利技术—情报分析 Ⅳ.①TP333 - 18

中国版本图书馆 CIP 数据核字 (2015) 第 221893 号

内容提要

本书基于国家973和863相关项目成果，采用汤森路透德温特世界专利创新索引数据库作为统计数据来源，对信息存储领域的专利文献进行检索分析，从存储器件、设备、系统等层面，选取了目前信息存储领域中的多项重要技术，利用专利统计分析的方法对其发展态势进行了研究，特别是对信息存储领域相关专利进行宏观统计分析以及核心专利的具体分析，可以全方位了解信息存储技术的发展历程、专利的国家或地区分布、重要专利权人的竞争态势，为制定相关战略提供决策参考。本书结合华为、中兴、联想、浪潮、IBM、EMC、三星、美光等国内外知名企业的实际案例，从中国本土和全球的布局两个角度分别分析了专利产出、主要竞争者、热点技术和研发重点以及竞争态势，力求找到信息存储技术专利申请对技术产业化与企业发展的作用。

本书可供信息存储研发人员、专利工作者和相关的企业管理人员及公务员参考。

责任编辑：祝元志　　　　　　　　　　　　责任校对：谷　洋

封面设计：刘　伟　　　　　　　　　　　　责任出版：刘译文

信息存储技术专利数据分析

冯　丹　曾令仿　著

出版发行：**知识产权出版社** 有限责任公司	网　　址：http://www.ipph.cn
社　　址：北京市海淀区马甸南村1号（邮编：100088）	天猫旗舰店：http://zscqcbs.tmall.com
责编电话：010 - 82000860 转 8513	责编邮箱：13381270293@163.com
发行电话：010 - 82000860 转 8101	发行传真：010 - 82000893/82005070/82000270
印　　刷：三河市国英印务有限公司	经　　销：各大网上书店、新华书店及相关专业书店
开　　本：787mm×960mm　1/16	印　　张：14.5
版　　次：2016年1月第1版	印　　次：2016年1月第1次印刷
字　　数：191千字	定　　价：58.00元

ISBN 978 - 7 - 5130 - 3806 - 5

前　言

　　本书主要采用汤森路透（Thomson Reuters）德温特世界专利创新索引（Derwent Innovations Index，DII）数据库[1]（以下简称"DII数据库"）作为统计数据来源，对信息存储领域的专利文献进行检索分析。从存储器件、设备、系统等层面，选取了目前信息存储领域中的多项重要技术，利用专利统计分析的方法对其发展态势进行了分析。内容包括：专利申请的时间分布和空间分布、被引专利情况、主要技术领域，重要专利权人及其相关信息；从专利分析的角度给出了信息存储关键技术的研发状况并提出相关建议。特别是，本书中对信息存储领域相关专利进行宏观统计分析以及核心专利的具体分析，可以更加全面地了解信息存储技术的发展历程、专利的国家/地区分布、重要专利权人的竞争态势等信息，从而为制定相关战略提供决策参考。

　　本书共分为五章。第一章对全球信息存储技术的发明专利申请情况从专利公开量的年度趋势分析、专利申请地区分布、技术来源地区分布、全球竞争态势、重要发明人、专利主题分布等角度进行分析。第二章分析国内外企业、研究机构等申请中国专利的情况，着重分析信息存储技术的中国专利申请的"量"与"质"。第三章，从器件、设备、系统和服务等四个层面分析信息存储技术发展态势。第四章，以信息技术领域的国际商业机器公司、英特尔、惠普、戴尔、三星、甲骨文、富士通等代表性公司和信息存储领域的伊姆西、希捷、闪迪、美光、网存、西部数据等代表性公司为典型案例，同时选取中国的华为、联想、中兴、浪潮等典型存储公司，从专利申请、技术构成、核心专利、技术变革、专利战略等方面进行分析，从中国本土和全球的布局两个角度分别分析了专利产出、主要竞争者、热点技术和研发重点以及竞争态势，力求找到信息存储技术专利申请对技术产业化与企业发展中的作用。第五章，基于第一、二、三、四章的分析结果提出相应的对策和建议。

本书的检索方法和检索策略的归纳整理工作的时间跨度非常长，前后有100多位研究生参与查询分析等工作。2009年9月1日至2009年9月29日（数据采集时间），作者所在科研团队在国家863计划重大项目"海量存储系统总体研究"（2009AA01A401）支持下，以DII数据库作为分析研究的基础信息源，数据采集年限为1980~2009年（指DII收录年），以DII提供的Web检索页面为主要分析工具，另外，确定核心专利时采用了以自行开发的分析统计软件加以辅助分析，形成了世界信息存储领域专利态势对比分析报告。同上述数据采集时间，以国家知识产权局中国专利数据库为数据源，数据采集年限为1985~2009年（专利申请的公开时间），形成了信息存储领域中国专利数据分析报告。最终于2009年10月，形成了涵盖国内外专利情况的《信息存储技术领域专利分析报告》。

上述分析报告在专利查询策略、专利分析方法等方面得到中国地质大学（武汉）经济管理学院黎薇博士的许多帮助，武汉市知识产权局陈仁松博士在专利检索中提供了诸多便利。华中科技大学、武汉光电国家实验室（筹）信息存储部的陈兰香、王志坤、晏志超、牛中盈、王娟、万勇、明亮、吴素贞、金超、万亚平、刘军平、涂旭东、何水兵、秦亦、邓泽、史晓东、谭玉娟、杨天明、魏建生、张宇、俞欣、岳银亮、李勇、周文、陈俊健、徐银霞等博士研究生，刘建平、沙睿彬、刘进等硕士研究生在专利检索方面做了细致工作。另外，华中科技大学、武汉光电国家实验室（筹）信息存储部的周国惠、郑胜利、高鹃、李阳、陈聪、马堰培、张曼、杨颖、赵威、申风有、袁艳丽、王柳峥、周峰、郭玉华、高梦颖、马需、张梦龙、郑长安、曾涛、柯煜昌、吕文若、向宇、肖飞、王敬轩、陈碧研、徐圣杰、丁娅、杨鹏等硕士研究生参与繁重的专利翻译整理工作。有了上述工作的基础，我们通过对信息存储技术整体分析、信息存储技术主题的识别、信息存储技术主题现状分析和信息存储技术主题演化分析，归纳整理出信息存储领域的关键知识和关键技术。硕士生陈云云针对DII数据库开发了信息存储技术专利数据获取和数据清洗软件，该软件实现了对专利数据的收集、预处理、特征降维、特征表示等简单的专利数据挖掘功能。

《信息存储技术领域专利分析报告》深受863重大项目的参与单位华为、浪潮、中兴、清华大学、中国科学院计算所等企业和科研院所欢迎，大家一致认为有助于企业了解并促进存储技术领域创新。近年来国内存储系统及技术发展迅速，国际上非易失存储器技术日新月异，将最新进展纳入分析形成报告并公开出版，使更多企业能了解国际国内存储技术发展态势，是本书形成的初衷。

2011~2015年，在国家973项目"面向复杂应用环境的数据存储系统理论与技术基础研究"（2011CB302300）资助下，进一步对信息存储领域专利进行了研究分析。作者及所在科研团队一直借助汤森路透Web of Science 平台开展信息存储领域的研究工作，在华中科技大学图书馆伍亚萍老师的大力帮助下，使用了ProQuest集团Dialog公司开发的Innography专利信息检索和分析平台[2]，试用了"汤森路透知识产权与科技"推出的Thomson Innovation专利检索分析平台[3]；2014年12月10日国家知识产权局开通了专利数据服务试验系统[4]，该试验系统提供中国、美国、日本和韩国等国家及欧洲地区的各类专利基础数据资源共计20种，我们申请了免费账号试用；同时，我们也发现国家知识产权局专利检索及分析平台[5]功能也日益完善。结合这些工具和我们开发的数据获取和数据清洗软件等，进一步对1995~2014年信息存储专利进行了深入分析，并不断修正，形成了本书主要内容。

　　检索和分析实践中，我们发现对信息存储领域的关键知识和关键技术检索词条的归纳总结是一项长期的、繁琐的、艰巨的工作，需要反反复复地细致地分析比较。例如，磁盘阵列技术是1987年由加州大学伯克利分校的Patterson、Gibson和Katz提出，最初称为"廉价冗余磁盘阵列"（Inexpensive Arrays of Independent Disks，IAID），后又称为"独立冗余磁盘阵列"（Redundant Arrays of Independent Disks，RAID）。独立冗余磁盘阵列采用分块技术将数据存储在多个磁盘上提高性能，采用冗余编码提升数据的可靠性。"独立冗余磁盘阵列"又简称"磁盘阵列"。由于各种各样的存储设备或介质，例如硬盘驱动器（Hard Disk Drive，HDD）、固态盘（Solid State Disk，SSD）、闪存（Flash Memory）或相变存储器（Phase Change Memory，PCM）等，都可以采用上述方式组织数据，此外，盘阵（Disk Array）、闪存阵列（Flash Array）及多种设备或介质的混合阵列（Hybird Array）等也不断涌现。我们将磁盘阵列归为存储系统方向，并用"盘阵列"涵盖由磁盘或固态盘构成的阵列，其直接相关技术也被纳入该方向中。

　　对上述的信息存储领域关键知识，需要长期从事相关研究，才能比较准确地把握和理解。实际查询检索过程中，我们也深刻体会到，上述知识对确定信息存储领域的关键技术中英文检索词条非常重要。同时，为了验证查询策略的有效性和准确性，我们甚至对检索出的特定技术方向或机构的发明专利的内容进行逐一查看（这也需要有比较扎实的信息存储专业知识），力求减少漏检或误检。本书成稿过程中，有数次在查询工作快完成时才发现检索策略不合理而"推倒重来"。

　　在上述工作和经验的基础上，2015年1月15日至2015年6月30日，以DII数据库为主数据源，借助Innography专利信息检索和分析平台，作者所在的科研团队实施了对1995~2014年公开的发明专利的检索和分析工作，其中，有关信息存储技术中国专利数据取自国家知识产权局中国专利数据库。

作者所在实验室的部分研究生参与了上述工作，他们是：华中科技大学、武汉光电国家实验室（筹）信息存储部的谢燕文、李春光、朱挺炜、朱春节、程永利、栗猛、周玉坤、余亚、张玲玲、张宇成、彭丽、李铮、解为斌、陈宇、肖玉、冯雅植、孙园园、左鹏飞、张扬、张永选、王强、史庆宇、胡永恒、覃鸿巍、徐洁、于金玉、肖仁智等博士研究生，华中科技大学、武汉光电国家实验室（筹）信息存储部的郭涛、涂盛霞、吴锋、王阿孟、郑特龙、万进、刘家豪、汪修能、胡维政、徐海娟、张迪青、宋俊辉、徐高翔、郑营飞、童颖、李双双、李君浩、鄢磊、林根、黄彩云、孙贻妙、罗蜜、李焱、操顺德、刘权、张争宏、荣震、廖雪琴、赵林丛、潘勇、汤传阳、王宁、石珍珍、黄开科、阳玲、颜学峰、杨静怡、杨恒、李亮、胡侃、金锐、李静、刘珂男、唐颢、傅瑶、吕力、刘景超、余晨晔、杜涛、袁小卉、余静、鲍匡迪、朱海洋、冯周、彭斌、余启、周双鹏、殷俊、胡畔、邹钰琪、吴婵明、程小薇等硕士研究生。

　　本书所涉及的数据量大，查询周期长导致数据来源不一，查询策略国内外不一，虽然在本书内均有说明，但难免疏漏；有些分析尚待进一步深入研究。由于专利的申请日和公开日通常间隔18个月，不少研发机构特别是企业会采取保守商业秘密的方式来保护其发明创造，而且，专利申请只是复杂企业活动的一个方面，并不能非常准确地代表整个领域的创新活动或非常准确地评价企业现状及其活动，因此，在将来的工作中，我们拟将信息存储行业经济数据、技术文献等竞争情况与信息存储领域的专利分析结合起来，希望有助于我国信息存储企业更好地实施专利战略，辅助我国信息存储企业在市场竞争中作出正确的决策。

　　为了兼顾专利人员和广大从事信息存储工作或对此感兴趣的企业管理人员及政府工作人员的阅读和使用需求，本书中有关专利的列表及说明，力求直观、具体，对各类专利数量作数据分析时，随IPC分组同时给出了其含义，对直观与重复的矛盾做了优化和平衡。

　　本书的形成是众多老师学生共同辛勤劳动的结果，在此表示深深的感谢！本书在撰写过程中，综合了国内管理学和法学学者部分观点，在此一并感谢！

　　本书适用于对信息存储感兴趣以及从事相关工作的技术人员和管理工作者，也可以作为高等院校研究者的参考用书。

目　录

1

第1章 全球信息存储技术专利申请态势分析

　　信息存储技术的发展及其应用渗透到科研、军事、教育、经济和日常生活的方方面面，是当今世界各国竞争中最重要的手段和支柱之一，对整个社会产生巨大的冲击与影响，信息存储技术是IT技术的核心，它的发展带动着其他若干学科领域的发展。而专利是反映技术情报最为规范和详实的载体，对信息存储技术具有催生与保护作用。因此，从专利的角度出发了解和把握全球信息存储技术的发展趋势，为我国信息存储技术的研究机构和政府部门的科学决策提供支持，具有重要的作用和意义。

　　本章着重对全球信息存储技术的发明专利申请情况，从专利公开量的年度趋势分析、专利申请地区分布、技术来源地区分布、全球竞争态势、重要发明人、专利主题分布等角度进行分析。

1.1　总体态势概述

　　从总体上看：全球信息存储技术专利公开量年均增长率保持在6.2%，其中2002~2008年和2012~2014年出现专利申请数量增加比较明显，如2002年较2001年增长了23.9%。从国际专利分类（IPC）小类来看，信息存储技术专利主要集中在G06F小类（电数字数据处理）❶、G11B小类（基于记录载体和换能器之间的相对运动而实现的信息存储）、H01L小类（半导体器件及其他类目中不包括的电固体器件）、G11C小类（静态

---

❶　参考国家知识产权局的IPC分类查询平台：http://epub.sipo.gov.cn/ipc.jsp.

存储器），其中G06F-001/32小组（节能装置）、G06F-011/00大组（错误检测、错误校正、监控）、G06F-17/30小组（信息检索及其数据库结构）、H04L-009/00大组（保密或安全通信装置）、H04L-009/32小组（包括用于检验系统用户的身份或凭据的装置）、G11B-023/03小组（用于扁平记录载体的容器）等技术领域是新出现的研究热点。

以国际或地区视角观察：1995~2014年，本书统计的信息存储技术专利申请数量较多的前20名专利申请人中，日本有13家，美国有5家，韩国和德国各1家；无国内研究单位或公司上榜，可见，在信息存储技术方面我国研究机构的实力处于国际较弱水平，没有出现能与国际著名公司抗衡的龙头企业。这一方面说明日本存储相关企业在信息存储技术不仅研究实力强大，而且积极进行着全球专利布局；另一方面可能与日本存储相关企业擅长技术转化，而美国存储相关企业更注重于基础研究方面有关。与存储系统密切相关的领先研究机构，如美国国际商业机器公司、日本日立公司、美国伊姆西公司，研究重点集中在G06F-012/00、G06F-017/00、G06F-009/00、G06F-013/00、G06F-003/00和G06F-015/00等大组。

分析信息存储领域各机构的核心专利情况，我们发现，申请活跃的技术领域（IPC分类）中，美国国际商业机器公司占据G06F-009/00、G06F-017/00、G06F-015/00、G06F-012/00、G06F-011/00和G06F-007/00等大组第一名，分别申请了1637件、1049件、878件、784件、604件和447件；美国微软公司在G06F-003/00大组排第一（639件）；美国美光公司在H01L-021/00、G11C-001/00、G11C-016/00、G11C-007/00和H01L-029/00大组排第一名，分别为1053件、573件、438件、437件和336件；美国西部数据公司分别在G11B-005/00和G11B-021/00大组排第一名，分别为1751件和244件；韩国三星公司在G11C-011/10大组第一名，有487件。

从核心专利的布局来看：信息存储技术IPC各组专利中，美国受理的核心专利申请最多，约占专利申请总数量的65%；其次是世界专利组织为12.74%，日本为12.15%，澳大利亚为4.15%，加拿大为2.07%；而中国（不包括港澳台地区）仅占0.3%，远远低于美国、日本、澳大利亚等国。在本书分析的信息存储技术六大类专利中，在北美地区（美国、加拿大）申请的核心专利量占总专利公开量的75.89%，远远超过了亚太地区〔包括日本、韩国、澳大利亚、中国（不包括港澳台地区）〕的20.03%和欧洲地区（包括德国、英国、法国、西班牙）的3.23%。在跨国公司的专利布局中，中国虽然被视为很重要的一环，但2005年以前，它们的核心专利很少在中国申请，多为较低技术含量的专利；但是，随着中国政府对知识产权越来越重视，近5年来，外国存储公司的核心专利在中国已有布局。

1.2 检索说明

1.2.1 数据来源及分析工具

以汤森路透（Thomson Reuters）德温特世界专利创新索引（Derwent Innovations Index，DII）数据库（以下简称"DII数据库"）为分析研究的基础信息源。以DII数据库提供的Web检索页面主要分析工具作为专利信息检索和分析平台[1]。

数据采集年限：1995~2014年（指DII数据库收录年）。

数据采集时间：2015年1月15日至2015年6月30日。

DII数据库是目前世界上国际专利信息收录较全面、权威的专利数据库，它聚合了德温特世界专利索引（Derwent World Patents Index，DWPI）与专利引文索引（Patents Citation Index，PCI）的数据，包含来自全球48个专利授权机构及2个防御性公开的非专利文献。DWPI数据库包含超过2300多万件基本发明（同族专利）和5000多万件专利，数据更新迅速，每周一次对6000条数据进行深加工，包括对数据进行规范化、标准化和校正，同时可以最早回溯至1963年。

1.2.2　检索策略

在通过专利权人检索途径采集数据的过程中，考虑到DII数据库机构代码的局限性，我们采取了多种检索方式配合使用的检索策略，以保证检索数据的全面性和科学性。在检索中，将信息存储领域相关关键词英文或英文多种缩写作为检索词，还使用了DII数据库中的机构代码、英文名和所属公司的英文名为检索词。

信息存储技术的发展需要计算、传输等多种技术支撑，计算、传输、存储的技术特征虽有差异，但经常是相辅相成的，因此本书在搜集专利文献数据时，针对不同的存储技术、不同的研发机构，结合信息存储领域代表性器件作关键词，如非易失性存储器（Non-volatile Memory）、随机存储器（Random Access Memory）、相变存储器（Phase Change Memory）、自旋转移矩随机存储器（Spin Transfer Torque Random Access Memory）、铁电随机存储器（Ferroelectric Random Access Memory）、量子存储器（Quantum Memory）、闪存存储器（Flash Memory）、存储级内存（Storage Class Memory）、记忆电阻（Memory Resistor）、可变电阻式存储器（Resistive Random Access Memory）、非易失性内存（Non-volatile Dual In-line Memory Module）、固态盘（Solid State Disk）、磁盘（Hard Disk Drive）、磁盘阵列（"Redundant Arrays of Independent Disks" or "Redundant Array of Inexpensive Disks"）、存储系统（Storage System）、存储区域网（Storage Area Network）、存储设备（Storage Device）、存储节点（Storage Node）、文件系统（File System）、逻辑卷管理（Logical Volume Management）、文件管理（File Management）、数据管理（Data Management）、对象存储（Object-based Storage）、数据去重（Data Deduplication）、存储容错（Buffer/Cache/Prefetching、Fault Tolerant）、I/O虚拟化（I/O Virtualization）、云存储（Cloud Storage）、存储能效（Energy Efficient）、数据安全共享（Secure File Sharing）、数

据中心（Data Center）等，本书采用了差异性的检索策略。其中，有的机构业务广泛，例如国际商业机器公司（IBM）、英特尔公司（Intel）、惠普公司（HP）、华为公司（Huawei）、三星（Samsung）、日立公司（Hitachi）等机构相关的专利技术成果，本书通过国际专利分类（IPC）代码在相应数据库中检索，即选择代表性的国际专利分类检索。具体来说，参考IPC分类和解释，信息存储技术选择G02、G03、G05、G06、G08、G11、F16、H01、H03、H04、H05；对于专注存储技术的研发机构，如美光公司（Micron）、闪迪公司（SanDisk）、西部数据（WesternDigital）等机构的专利技术成果，本书的检索策略是仅用相关研发机构（及其并购的机构）的专利权人DII数据库代码❶。由于"德温特世界专利创新索引（Derwent Innovation Index，DII）"数据库没有区分关键词和摘要，因此在通过该库进行检索词检索时本书用了DII数据库"字段标识"的主题（TS）和标题（TI），使用字段标识、布尔运算符、括号和检索结果集来创建检索式。为了获得更加准确的检索结果，本书采用ProQuest集团Dialog公司开发的专利信息检索和分析平台Innography[2]进行了对比/修正，在Innography平台中，本书的检索式中采用摘要（Abstract）、标题（Title）和权利要求（Claims）为关键词，尽管检索数据量存在少量差异，由于本书关注的是信息存储技术发展趋势，我们认为采取这种代表性检索策略是合适的。

　　由于专利检索工作中，漏检的情况是不可避免的：一方面是因为技术本身的复杂性，在检索分类时，由于分类不准确很容易造成漏检，即使专业检索人员检索时也会经常因为对有些领域的技术不熟悉造成漏检，而专业技术人员未受过专门的专利检索业务培训，漏检率也很高；另一方面，专利代理人在撰写专利申请文件时经常不能很好地把握申请专利的发

---

❶　附录1给出了部分专利权人的DII数据库代码、中文名称及所属国别。

明创造所属的技术领域，而有些技术本身就属于不同学科的交叉领域，这些都给专利局的分类员带来了困难，有时难免会把本属于甲技术领域的技术，分类到了乙技术领域❶。因此，在检索时，再专业的人员也有可能漏检。为了将漏检的概率尽可能降低，提高专利检索的准确性，我们设计开发出基于DII的专利统计分析软件，该软件对从DII数据库抓取的以excel格式存放的数据实施数据清洗，来验证不同检索策略的合理性，同时，采用Innography专利信息检索和分析平台进行对比/修正。

1.2.3 书中技术分类划分说明

分类表是使各国专利文献获得统一分类的一种工具。它的基本用途是作为各专利局以及其他使用者在确定专利申请的新颖性、创造性（包括对技术先进性和实用价值作出评价）而进行的专利文献检索时的一种有效检索工具。 此外，分类表还有提供各类服务等重要作用：①利用本分类表编排专利文献，使用者可方便地从中获得技术上和法律上的情报；②作为对所有专利情报使用者进行选择性报导的基础；③作为对某一个技术领域进行现有技术水平调研的基础；④作为进行工业产权统计工作的基础，从而对各个领域的技术发展状况作出评价。

IPC体系为部、大类、小类、组四级，其中八个部具体如下：

A部——人类生活必需（农、轻、医）；

B部——作业、运输；

C部——化学、冶金；

D部——纺织、造纸；

E部——固定建筑物（建筑、采矿）；

F部——机械工程；

G部——物理；

---

❶ 需指出的是，DII的专利摘要由德温特专业人员编写，保证了内容的权威性与真实性。

H部——电学。

每个"部"的类名后有一个该部下面主要细分类目的概要，部下还可有分部，但无类号。

"大类"由两位数字组成，例如，G11——信息存储。

"小类"由一个大写字母组成，例如G11B——基于记录载体和换能器之间的相对运动而实现的信息存储。每个小类细分成许多"组"，包括"大组"和"小组"，每个组的类号由小类类号加上用"/"分开的二个数组成。

"大组"由小类类号加上一个一位到三位的数及"/00"组成。例如，G11B-003/00——应用机械切割、变形或加压产生的记录。大组的类名确切地限定对检索目的有用的在小类范围内的一个技术主题领域。

"小组"由小类类号加上一个一位到三位的数，后跟一个"/"符号，再加上除00以外的二位数组成；小组是大组的细分类。例如，G11B-005/012——磁盘信息的记录、重现或抹除。

IPC体系以H部举例如图1.2.3.1所示。

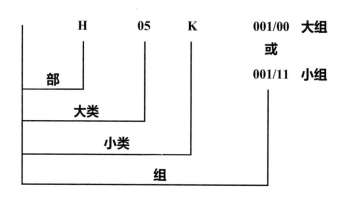

图1.2.3.1　IPC体系举例

为了更清晰准确地了解中国信息存储领域的专利技术领域分布，探索其分布趋势和集中分布点，本书参照了国际专利分类（IPC）表的分类体系。

1.2.4 对信息存储技术的界定

以国际专利分类（IPC）中的G06类（计算；推算；计数）、G08类（信号装置）、G11类（信息存储）、H01 类（基本电气元件）、H03类（基本电子电路）、H04类（电通信技术）、H05类（其他类目不包含的电技术）、F16 类（工程元件或部件；为产生和保持机器或设备的有效运行的一般措施；一般绝热）、G02 类（光学）、G03 类（摄影术；电影术；利用了光波以外其他波的类似技术；电记录术；全息摄影术）、G05类（控制；调节）等作为信息存储技术的界定统计范围。图1.2.4.1、图1.2.4.2是IPC分类G部和H部示例。

SECTION G PHYSICS（G部——物理）

G06 - COMPUTING; CALCULATING; COUNTING（G06 计算；推算；计数）

G06F - ELECTRIC DIGITAL DATA PROCESSING（G06F 电数字数据处理）
G06K - RECOGNITION OF DATA; PRESENTATION OF DATA; RECORD CARRIERS; HANDLING RECORD CARRIERS（G06K数据识别；数据表示；记录载体；记录载体的处理）
G06N - COMPUTER SYSTEMS BASED ON SPECIFIC COMPUTATIONAL MODELS（G06N 基于特定计算模型的计算机系统）

G08 - SIGNALLING（G08 信号装置）

G08B - SIGNALLING OR CALLING SYSTEMS; ORDER TELEGRAPHS; ALARM SYSTEMS（G08B 信号装置或呼叫装置；指令发信室；报警装置）
G08C - TRANSMISSION SYSTEMS FOR MEASURED VALUES, CONTROL OR SIMILAR SIGNALS（G08C 测量值、控制信号或类似信号的传输系统）

G11 - INFORMATION STORAGE（G11 信息存储）

G11B - INFORMATION STORAGE BASED ON RELATIVE MOVEMENT BETWEEN RECORD CARRIER AND TRANSDUCER（G11B基于记录载体和换能器之间的相对运动而实现的信息存储）
G11C - STATIC STORES（G11C静态存储器）

图1.2.4.1 信息存储技术的界定（G部）

```
SECTION H - ELECTRICITY （H部——电学）
```

```
H03 - BASIC ELECTRONIC CIRCUITRY  （H03 基本电子电路）
```
H03M - CODING, DECODING OR CODE CONVERSION, IN GENERAL （H03M 一般编码、译码或代码转换）

```
H04 - ELECTRIC COMMUNICATION TECHNIQUE  （H04通信技术）
```
H04B - TRANSMISSION （H04B传输）
H04H - BROADCAST COMMUNICATION （H04H 广播通信）
H04J - MULTIPLEX COMMUNICATION （H04J 多路复用通信）
H04K - SECRET COMMUNICATION; JAMMING OF COMMUNICATION （H04K保密通信；对通信的干扰）
H04L - TRANSMISSION OF DIGITAL INFORMATION, e.g. TELEGRAPHIC COMMUNICATION （H04L 数字信息的传输，例如电报通信）
H04M - TELEPHONIC COMMUNICATION （H04M 电话通信）
H04Q - SELECTING （H04Q选择）

```
H05 - ELECTRIC TECHNIQUES NOT OTHERWISE PROVIDED FOR  （H05其他类目不包含的电技术）
```
H05K - PRINTED CIRCUITS; CASINGS OR CONSTRUCTIONAL DETAILS OF ELECTRIC APPARATUS; MANUFACTURE OF ASSEMBLAGES OF ELECTRICAL COMPONENTS （H05K印刷电路；电设备的外壳或结构零部件；电气元件组件的制造）
H05K-001/00 - Printed circuits （H05K 1/00印刷电路（多个单个半导体器件或固态器件的组装件入H01L 25/00；由在一共用基片内或其上形成的多个固态组件组成的器件，例如集成电路，薄膜或厚膜电路，入H01L 27/00））
H05K-003/00 - Apparatus or processes for manufacturing printed circuits （H05K 3/00用于制造印刷电路的设备或方法（结构表面或图形表面照相制板的制作、所用的材料或原图、其专用的设备，一般入G03F；包括有半导体器件制造的入H01L））
H05K-007/00 - Constructional details common to different types of electric apparatus （H05K 7/00对各种不同类型电设备通用的结构零部件（机壳、箱柜或拉屉入H05K 5/00））
H05K-009/00 - Screening of apparatus or components against electric or magnetic fields （H05K 9/00设备或元件对电场或磁场的屏蔽（用于吸收天线辐射的设备入H01Q 17/00））
H05K-010/00 - Arrangements for improving the operating reliability of electronic equipment, e.g. by providing a similar stand-by unit （H05K 10/00用于提高电子设备工作可靠性的装置，例如通过提供一个相同的备用单元）
H05K-011/00 - Combinations of a radio or television receiver with apparatus having a different main function （H05K 11/00无线电接收机或电视接收机与具有不同主要功能的设备的组合）
H05K-013/00 - Apparatus or processes specially adapted for manufacturing or adjusting assemblages of electric components （H05K 13/00专门适用于制造或调节电元件组装件的设备或方法）

图1.2.4.2　信息存储技术的界定（H部）

1.2.5　研究对象及研究方法

选择国内外著名的、有较强研发实力的跨国公司、科研机构：国际商业机器公司（IBM）、易安信公司（EMC）、日立公司（Hitachi）、英特尔公司（Intel）、希捷公司（Seagate）、微软公司（Microsoft）、惠普公司（HP）、戴尔公司（Dell）、甲骨文公司（Oracle）、西部数据公司（Wester Digital）、赛门铁克铜（Symantec）、三星公司（Samsung）、闪迪公司（SanDisk）、网存公司（NetApp）、富士通公司（Fujitsu）等公司作为比较的对象和研究对象，从专利权人角度对这些公司和机构进行数据统计。

1.2.6　术语说明

（1）专利家族（Patent Family）：由于专利审查制度程序的规定，以及专利的保护具有国家（地域）性，常常造成相同的技术文献重复出版。德温特（Derwent）将同族专利合并成一条记录，在同一条记录页里会列出同族专利中不同国家授予同一项技术的不同的专利号，让人对某一个具体专利的全球专利授权情况一目了然，聚成同族专利。DII数据库中专利家族的规模大小，会反映出某一项技术的重要程度；同时，专利家族的区域分布情况可以反映出专利权属机构的市场发展战略（计划）；这种区域分布的变化，也可以反映出专利权属机构市场战略的改变。

（2）基本专利（Basic Patent）：指申请人就同一发明在最先的一个国家申请的专利，即DII数据库专利家族的第一个成员，该项专利不一定是该专利家族中最先公开的专利，通常指该家族中被德温特专利WPI或PCI等首次收录的专利。

（3）同等专利（Equivalent Patent）：指发明人或申请人就同一发明在第一个国家以外的其他国家申请的专利。在DII数据库中，如果一份专利说明书包括一项基本专利中同样的发明（已经在另一个国家申请并被收录入Derwent），则该专利被定义为"同等专利"，相应的专利信息记录被更新。基本专利与同等专利共同构成专利家族。某一发明其基本专利和一系列同等专利的内容几乎完全一样，它们构成一个专利族系，属于同一个族系的专利称为同族专利。同族专利是专利家族的另一种说法。

（4）核心专利（Core Patent）：核心专利是在某一技术领域中具有突破性的、关键性的专利，核心专利对提高国际竞争力、推动技术和社会发展发挥着巨大作用。

（5）基本专利公布年：指基本专利公开的年代，也称为基本专利年。

（6）国际专利分类号（International Patent Classification，IPC）：是

一种国际通用的管理和利用专利文献的工具。

（7）德温特分类代码（Derwent Class Codes，DC）：是从应用性角度编制的，Derwent的学科领域专家对所有专利统一使用这种独特的分类方法，从而可以在特定的技术领域进行高效精确的检索。在数据库中，专利分为化学(A - M)、工程(P - Q)、电气和电子(S - X)三大领域，这些领域又分为20个主要的学科领域或专业。

（8）德温特手工代码（Manual Codes，MC）：又称指南代码，比德温特分类代码更为详细，相当于广义的叙词表，根据专利文献的文摘和全文对发明的应用和发明的重要特点进行独家标引。国际专利分类体系是功能分类和应用分类相结合，侧重功能分类；而德温特手工代码以应用性分类为基础。

（9）施引专利（Citing Patent）：DII数据库提供的施引专利显示某一项专利发明以来，被哪些专利引用过。借助专利与专利间，以及专利与论文间的引用与被引用关系，可以揭示出一项专利的理论或技术的起源。利用施引专利（Citing Patent）的链接，可以迅速追踪到一项技术自诞生以来，最新的进展情况。

（10）高级检索（Advanced Search）：DII数据库提供检索界面，利用表1.2.6.1列出的字段标识符构成复杂的检索式。

表1.2.6.1　DII数据库字段标识符表示的含义

字段标识	
TS=主题	CP=被引专利号
TI=标题	CX=被引专利＋专利家族
AU=发明人	CA=被引专利权人
PN=专利号	CN=被引专利权人名称
IP=IPC 代码	CC=被引专利权人代码
DC=分类代码	CI=被引发明人
MC=手工代码	CD=被引 PAN
GA=PAN	RIN=环系索引号

字段标识	
AN=专利权人名称	DCN=Derwent 化合物号
AC=专利权人代码	DRN=Derwent 注册号
AE=专利权人名称和代码	DCR=DCR 编号
布尔逻辑运算符: AND、OR、NOT、SAME	

1.2.7 核心专利的界定

（1）通过专利引文分析：专利引文分析常被用来确定某一技术领域或某一公司的核心专利，专利引用体现了技术发展的连续性和承接性。如果一项专利经常被后来的专利所引用，则表明该项专利技术是重大的、关键性的、原创性的技术。世界权威的专利计量研究机构美国CHI Research公司认为，专利被引用次数可以直接作为确认企业重要专利的指标；有学者甚至认为专利数量不是最重要的，而专利被引用的次数更重要，多次被引用的专利更能代表公司的技术竞争力。采用专利引文分析方法，不仅可以用来确定某个公司的核心技术，还可以用来确定某个技术领域在某个历史时期的核心技术。本书通过检索DII数据库中信息存储技术专利，应用自行开发的统计软件，确定1995~2014年，每年"施引专利"排前5名的专利，将它们作为信息存储技术的核心专利。

虽然运用专利引文分析方法来确定核心专利，得到知识产权学术界的普遍认可，但专利的引用通常在专利公布后三五年才能达到峰值，因此可以认为，专利引文分析方法在确定四五年前某个领域的核心技术时是一种非常有效的方法，但却无法将其用于确定当前的或最近一两年的核心技术，因此，这种方法有着明显的局限性，有其特定的应用范围。

（2）通过专利家族分析：专利家族包括基本专利和同等专利。基本专利代表的是全新发明（即原始创新），同等专利则意味着它所涉及的发明已经以基本专利身份被DII数据库收录。DII数据库中的每一个专利家族都包括一个或多个专利号码，每一个专利号码由两个字母和10个以内的数字组成，如US7398051-B1、EP501189-A、JP4353957-A等，其中前两个字母是世界知识产权组织（WIPO）设置的国家、地区或世界知识产权组织代码，US代表美国、EP代表欧洲、JP代表日本等。专利家族中的专利号越多，代表该专利家族涉及的专利技术申请的专利次数越多。一项专利技术之所以要向更多国家或地区提出专利申请，谋求更多国家或地区的专利保护，一定是该项专利技术具有重大的商业价值或技术价值，这样的专利可以被确定为核心专利。

作者通过对信息存储技术部分专利家族（1995~2014年）成员进行分析，运用专利家族分析方法确定核心专利，不必考虑引用峰值出现的周期。此方法主要依据的是专利家族成员的数量，即专利号，而专利号是专利受理机构公布专利申请或授权时确定的号码，专利号的出现主要取决于专利申请与专利公布之间的时滞，这个时滞一般比较短（通常在一年之内），因此专利家族分析方法可以被用来确定存储领域的核心专利。

（3）通过专利指定有效国分析："专利指定有效国"从地域性角度决定了在一国申请的专利只在该国受保护，这种机制最大问题就是专利申请和审查的重复进行而导致大量不必要的资源浪费。为了避免上述问题，保护工业产权国际（巴黎）联盟执行委员会于1970年6月在华盛顿举行了外交会议，并制定了《专利合作条约》（PCT），于1978年开始实施。一项专利向PCT申请（专利国际申请）一次，可以指定在多个国家有效，等于向多个国家各申请了一次❶。申请人指定的有效国越多，说明该项专利技术越重要，价值越大。因此，本书作者还通过对PCT专利申请中的指定有效国的情况分析，以识别核心专利。

例如，专利号为"WO2009054934-A1"的专利申请，指定的有效国

---

❶ 应当注意是，专利申请人只能通过PCT申请专利，不能直接通过PCT得到专利，要想获得某个国家的专利，专利申请人还必须履行进入该国家的手续，由该国的专利局对该专利申请进行审查，符合该国专利法规定的，授予专利权。

或地区代码为"AE; AG; AL; AM; AO; AT; AU; AZ; BA; BB; BG; BH; BR; BW; BY; BZ; CA; CH; CN; CO; CR; CU; CZ; DE; DK; DM; DO; DZ; EC; EE; EG; ES; FI; GB; GD; GE; GH; GM; GT; HN; HR; HU; ID; IL; IN; IS; JP; KE; KG; KM; KN; KP; KR; KZ; LA; LC; LK; LR; LS; LT; LU; LY; MA; MD; ME; MG; MK; MN; MW; MX; MY; MZ; NA; NG; NI; NO; NZ; OM; PG; PH; PL; PT; RO; RS; RU; SC; SD; SE; SG; SK; SL; SM; ST; SV; SY; TJ; TM; TN; TR; TT; TZ; UA; UG; US; UZ; VC; VN; ZA; ZM; ZW(Regional):AT; BE; BG; CH; CY; CZ; DE; DK; EE; ES; FI; FR; GB; GR; HR; HU; IE; IS; IT; LT; LU; LV; MC; MT; NL; NO; PL; PT; RO; SE; SI; SK; TR; OA; BW; GH; GM; KE; LS; MW; MZ; NA; SD; SL; SZ; TZ; UG; ZM; ZW; EA"。这些代码每两个字母代表一个国家或地区,例如AT代表奥地利、DE代表德国、FR代表法国、GB代表英国。可见该项专利申请将在159个国家或地区生效。据此,我们可以判断该项专利技术一定是一项重大的、有巨大商业价值的核心技术。

因为专利国际申请公布的周期更短,所以运用专利有效国分析方法可以更快捷地确定前沿领域的核心技术,但该方法主要适用于专利PCT申请,如果专利没有提出PCT申请,则无法运用该方法确定核心专利。

上述基于《德温特创新索引》专利数据获取核心专利的三种方法,各有利弊,适用的情况也各不相同。本书对2009年以前申请的专利采用了"专利引文分析"方法,对2009年(含)以后申请的专利则主要采用"专利家族分析方法"和"专利指定有效国分析"方法。

1.2.8 特殊说明

(1)由DII数据库获取的来源数据中,既包括已公开但尚未获授权的专利申请文献,也包括已获授权的专利文献,上述两者都是有效专利,而且本书若无特别说明,检索结果均只针对有效专利。考虑到专利从提交申请到公开有18个月的时滞,以及DII数据库数据收集及录入延迟的缘故,2013年和2014年的专利分析仅作参考,不能代表发展趋势。

（2）对来源数据的年度划分均依据DII数据库入藏号（Derwent Primary Accession Number）的年份来进行统计分析，该入藏号年份代表DII数据库收录该专利文献的年份，并不完全与该项专利的实际申请年吻合。

（3）统计分析对象全部为发明专利（申请），不涉及实用新型专利和外观设计专利。

（4）所有涉及对国家或地区的专利分析，均指在该国家或者地区申请的专利（即这里的国家与地区指受理该专利申请的国家与地区），而不是指该国或地区的专利权人申请的专利。

（5）专利家族中每件专利说明书对发明创造的描述并非完全一致。例如，Inpadoc专利家族是扩展专利家族（Extended Patent Family），在专利族中，每个专利与该族中至少一个其他专利至少共同具有一个专利申请的优先权。因此，在一个专利家族中，很多专利中的技术信息往往并不完全一致。如果仅仅阅读其中的一篇专利，可能会对整个技术的把握出现偏差。Derwent专利家族属于等同专利家族，更能够反映一项技术的分布情况。Derwent的专家将第一篇进入Derwent数据库的专利称为基本专利，随后进入Derwent数据库的每篇专利都应予以检查。如果优先权是在基本专利范围内，则添加到基本专利的记录中；如有新的优先权，基本专利无法覆盖，则将该专利作为基本专利，重新生成一条记录。本书统计专利公开量时采用了去重选项。

本书所述的DII数据库专利数据，仅针对采集年限内已获授权的专利，对于已被受理但尚未获授权的专利申请，不在本书统计分析之列。对于基于一定检索策略在数据采集时间内从各专利数据库中获得的来源数据，由于数据采集时间、数据库更新时滞、专利权属（申请）人名称著录规范等因素，不排除与其他统计来源的数据可能有所出入。

1.3　全球信息存储技术专利申请总体态势分析

1.3.1　全球信息存储技术历年专利公开量趋势分析

1995~2014年，全球信息存储技术历年专利公开量的整体情况如图1.3.1.1所示。

从图1.3.1.1的统计数据可以看出：全球信息存储技术历年专利公开量自1995~2001年呈现出平缓发展态势，从2002年开始申请量激增，直到2008年。从图1.3.1.1可看出，2012年以来，全球信息存储技术的专利申请增加的幅度较大。这表明：从世界范围内来看，信息存储技术处于稳步快速发展中，进入新世纪初有一个比较大的跨越式发展。1995~2014年，全球信息存储技术专利申请总数为2191847件，上述专利由200个国家和地区的105491个机构2665680人产生。各年度的明细如表1.3.1.1所示。

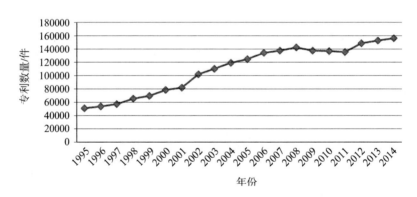

图1.3.1.1　全球信息存储技术1995~2014年历年专利公开量的变化趋势

表1.3.1.1　全球信息存储技术1995~2014年历年专利公开量明细表

年份	专利数量/件	年份	专利数量/件
1995	51227	2000	78666
1996	53584	2001	82038
1997	56821	2002	101650
1998	65390	2003	109955
1999	69534	2004	118856

年份	专利数量/件	年份	专利数量/件
2005	124250	2010	136753
2006	133730	2011	135609
2007	137296	2012	148199
2008	142318	2013	152652
2009	137549	2014	155770

1.3.2 人员活动趋势

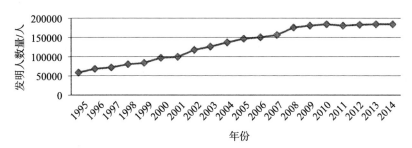

图1.3.2.1 1995~2014年基本专利人员活动趋势图

由图1.3.2.1可见，发明人数量呈现与图1.3.1.1专利公开量相似的年度发展趋势，最初5年，信息存储技术投入的研究力量很少。2002年开始，在原有发明人的基础上、不断注入"新鲜血液"，使得该领域研发队伍不断壮大，在2014年以184470人达到顶峰。可见，不断增长的研发人力已经证明了信息存储技术的无限魅力与商业前景。

近30年，信息存储技术培养了一系列行业专家，如韩国三星电子的Kim J.，1990~2014年共申请351件专利，技术创新寿命长达25年；日本日立公司的Yamamoto A.，1990~2014年共申请158项专利，技术创新寿命长达25年；美国IBM公司的Arimilli R.K.，1994~2012年共申请112件专利，技术创新寿命长达19年；伊姆西公司的Vishlitzky N.，1993~2010年共申请了85件专利，技术创新寿命长达18年；也不乏美国希捷公司的Boutaghou Z.这样的新秀，其在最近10年共申请199件专利。

1.3.3 机构申请专利数排名

表1.3.3.1是查询信息存储技术专利后给出的排名前20的机构及其专利量，该表显示，排名前20的机构中日本占12家，分别是松下公司（Panasonic Corporation）、日立公司（Hitachi, Ltd.）、东芝公司（Toshiba Corporation）、索尼公司（Sony Corporation）、佳能公司（Canon Inc.）、富士通公司（Fujitsu Limited）、日本电气株式会社（NEC Corporation）、理光公司（Ricoh Company, Ltd.）、三菱公司（Mitsubishi Electric Corporation）、夏普公司（Sharp Corporation)、富士胶卷控股公司（Fujifilm Holdings Corp.）、精工控股公司（Seiko Holdings Corporation）；美国占5家，分别是国际商业机器公司（International Business Machines Corp.）、微软公司（Microsoft Corporation）、美光公司（Micron Technology, Inc.）、惠普公司（Hewlett-Packard Company）、英特尔公司（Intel Corporation）；韩国占2家，分别是三星公司（Samsung Group）、SK海力士（SK Hynix Inc.）；德国1家，即西门子公司（Siemens AG）。

表1.3.3.1　全球信息存储技术1995~2014年历年专利机构专利公开量排名❶

排名	中（英）文名称	专利数量/件	所属国别	排名	中（英）文名称	专利数量/件	所属国别
1	松下公司（Panasonic Corporation）	27072	日本	4	东芝公司（Toshiba Corporation）	21244	日本
2	日立公司（Hitachi, Ltd.）	22035	日本	5	索尼公司（Sony Corporation）	20864	日本
3	国际商业机器公司（International Business Machines Corp.）	21606	美国	6	佳能公司（Canon Inc.）	18378	日本

---

❶ 表1.3.3.1和表1.3.3.2的数据是去重后的数据，即同一技术在不同国家或地区申请时仅统计一次。

排名	中（英）文名称	专利数量/件	所属国别	排名	中（英）文名称	专利数量/件	所属国别
7	三星公司（Samsung Group）	17903	韩国	14	三菱公司（Mitsubishi Electric Corporation）	11107	日本
8	富士通公司（Fujitsu Limited）	14155	日本	15	夏普公司（Sharp Corporation）	11069	日本
9	微软公司（Microsoft Corporation）	12949	美国	16	富士胶卷控股公司（Fujifilm Holdings Corp）	10240	日本
10	美光公司（Micron Technology, Inc.）	12877	美国	17	精工控股公司（Seiko Holdings Corporation）	10131	日本
11	日本电气株式会社（NEC Corporation）	12785	日本	18	SK海力士（SK Hynix Inc）	9030	韩国
12	惠普公司（Hewlett-Packard Company）	12017	美国	19	英特尔公司（Intel Corporation）	8823	美国
13	理光公司（Ricoh Company Ltd.）	11587	日本	20	西门子公司（Siemens AG）	7919	德国

表1.3.3.2　全球信息存储技术核心专利1995~2014年历年专利机构数量排名

排名	中（英）文名称	专利数量/件	所属国别	排名	中（英）文名称	专利数量/件	所属国别
1	国际商业机器公司（International Business Machines Corp.）	8598	美国	8	西部数据公司（Western Digital Corp.）	3305	美国
2	微软公司（Microsoft Corporation）	6030	美国	9	索尼公司（Sony Corporation）	3022	日本
3	美光公司（Micron Technology, Inc.）	5585	美国	10	高通公司（Qualcomm, Inc.）	2817	美国
4	英特尔公司（Intel Corporation）	5261	美国	11	东芝公司（Toshiba Corporation）	2408	日本
5	三星公司（Samsung Group）	4096	韩国	12	思科公司（Cisco Systems, Inc.）	2368	美国
6	惠普公司（Hewlett-Packard Company）	4082	美国	13	谷歌公司（Google Inc.）	2355	美国
7	甲骨文公司（Oracle Corporation）	4035	美国	14	伊姆西公司（EMC Corporation）	2278	美国

排名	中（英）文名称	专利数量/件	所属国别	排名	中（英）文名称	专利数量/件	所属国别
15	高智发明（Intellectual Ventures Management, LLC）	2256	美国	18	日立公司（Hitachi, Ltd.）	2110	日本
16	希捷公司（Seagate Technology PLC）	2242	美国	19	诺基亚公司（Nokia Corporation）	2013	芬兰
17	佳能公司（Canon Inc.）	2166	日本	20	松下公司（Panasonic Corporation）	2012	日本

　　表1.3.3.2是查询信息存储技术核心专利后给出的排名前20的机构及其专利数量，该表显示，排名前20的机构中美国占13家，分别是国际商业机器公司（International Business Machines Corp.）、微软公司（Microsoft Corporation）、美光公司（Micron Technology, Inc.）、英特尔公司（Intel Corporation）、惠普公司（Hewlett-Packard Company）、甲骨文公司（Oracle Corporation）、高通公司（Qual Comm, Inc）、西部数据公司（Western Digital Corp.）、希捷公司（Seagate Technology PLC）、思科公司（Cisco Systems, Inc.）、谷歌公司（Google Inc.）、伊姆西公司（EMC Corporation）、高智发明（Intellectual Ventures Management, LLC）；日本5家，分别是索立公司（Sony Corporation）、东芝公司（Toshiba Corporation）、佳能公司（Canon Inc.）、日立公司（Hitachi, Ltd.）、松下公司（Panasonic Corporation）；韩国1家，即三星公司（Samsung Group）；芬兰1家，即诺基亚公司（Nokia Corporation）。

　　由表1.3.3.1和表1.3.3.2对比可以看出，日本公司在信息存储技术，专利数量占优，但是，从专利的质量、核心专利数量看，美国占绝对优势。

1.4 全球信息存储技术主要技术领域专利产出趋势分析

1.4.1 IPC小类总体分析

由图1.4.1.1（a）、（b）可知，信息存储技术分布比较集中，分布于前5位技术领域的专利总和，占据专利总量的80.21%。排名第一的技术领域为G06F，为电数字数据处理技术相关，共119020件专利，达总量的44%；排名第二的为G11，为信息存储技术领域，共49164件专利，占总量的18%；排名第三的为H04L，为数字信息的传输，例如电报通信，共20313件专利，占总量的7.4%；排名第四的为H01L，为半导体器件及其他类目未包括的电固体器件，共15487件专利，占总量的5.7%；排名第五的为G06K，为数据识别、数据表示、记录载体、记录载体的处理技术领域，共13282件专利，占总量的4.9%。表1.4.1.1给出了图1.4.1.1的IPC小类的含义，读者若希望详细了解IPC分类信息，请参考国家知识产权局 IPC分类查询平台[6]。

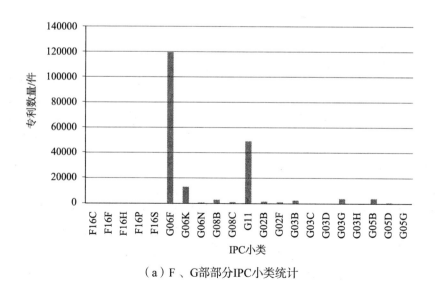

（a）F 、G部分IPC小类统计

图1.4.1.1　1995~2014年专利申请技术IPC组态图

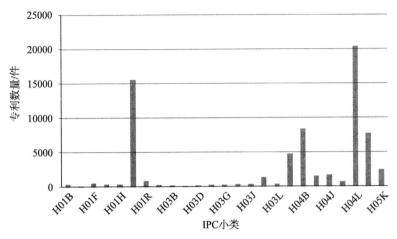

（b）H部部分IPC小类统计

图1.4.1.1　1995~2014年专利申请技术IPC组态图

表1.4.1.1　F、G及H部部分IPC小类的含义

IPC小类	含义	IPC小类	含义
F16C	轴；灵活轴；在灵活轴中传递运动的机械方法；曲轴机制轴心的元素；关键连接；除了传动机制、耦合器、离合器或者刹车等的旋转工程元素；轴承	H01F	磁体；电感；变压器；根据它们的磁性来选择材料
F16F	弹簧；减震器；减振装置	H01G	电容器；电解型的电容器、整流器、检波器、开关器件、光敏器件或热敏器件
F16H	传动装置	H01H	电开关；继电器；选择器；紧急保护装置
F16P	一般安全装置	H01L*	半导体器件；其他类目未包含的电固体器件
F16S	一般结构元件；用这类元件组成的一般构件	H01R	导电连接；一组相互绝缘的电连接元件的结构组合；连接装置；集电器
G02B	光学元件、系统或仪器	H01S	利用受激发射的器件

IPC小类	含义	IPC小类	含义
G02F	用于控制光的强度、颜色、相位、偏振或方向的器件或装置，例如转换、选通、调制或解调，上述器件或装置的光学操作是通过改变器件或装置的介质的光学性质来修改的；用于上述操作的技术或工艺；变频；非线性光学；光学逻辑元件；光学模拟/数字转换器	H03B	使用工作于非开关状态的有源元件电路，直接或经频率变换产生振荡；由这样的电路产生噪声
G03B	摄影、放映或观看用的装置或设备；利用了光波以外其他波的类似技术的装置或设备；以及有关的附件	H03C	调制
G03C	照相用的感光材料；照相过程，例电影、X线、彩色、立体照相过程；照相的辅助过程	H03D	由一个载频到另一载频对调制进行解调或变换
G03D	加工曝光后的照相材料的设备；其附件	H03F	放大器
G03G	电记录术；电照相；磁记录	H03G	放大的控制
G03H	全息摄影的工艺过程或设备	H03H	阻抗网络，如谐振电路；谐振器
G05B	一般的控制或调节系统；这种系统的功能单元；用于这种系统或单元的监视或测试装置	H03J	谐振电路的调谐；谐振电路的选择
G05D	非电变量的控制或调节系统	H03K	脉冲技术
G05G	只按机械特征区分的控制装置或系统	H03L	电子振荡器或脉冲发生器的自动控制、起振、同步或稳定
G06F	电数字数据的处理	H03M	一般编码、译码或代码转换
G06K	数据识别；数据显示；记录载体；记录载体的操作	H04B	传输
G06N	基于特定计算模型的计算机系统	H04H	广播通信
G08B	信号装置或呼叫装置;指令发信装置;报警装置	H04J	多路复用通信
G08C	测量值，控制信号或类似信号的传输系统	H04K	保密通信；对通信的干扰
G11	信息存储	H04L	数字信息的传输，如电报通信
H01B	电缆；导体；绝缘子；根据它们的导电、绝缘或介电的性能来选择材料	H04Q	选择
H01C	电阻器	H05K	印刷电路；电设备的外壳或结构零部件；电气元件组件的制造

1.4.2 IPC技术构成分析

图1.4.2.1给出了G06F小类的排名前十的分组情况对比。表1.4.2.1给出了图1.4.2.1中各分组的含义。

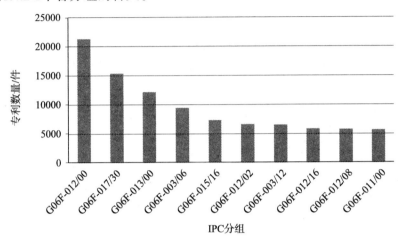

图1.4.2.1 1995~2014年专利申请技术领域IPC小类（G06F）分组明细（排名前10）

表1.4.2.1 图1.4.2.1中IPC分组含义

IPC 分组	含义	IPC 分组	含义
G06F-012/00	在存储器系统或体系结构内的存取、寻址或分配	G06F-012/02	寻址或地址分配；重定位
G06F-017/30	信息检索；及其数据库结构	G06F-003/12	传输到打印装置上去的数字输出
G06F-013/00	信息或其他信号在存储器、输入/输出设备或者中央处理机之间的互连或传送	G06F-012/16	防止内存数据丢失的保护
G06F-003/06	来自记录载体的数字输入，或者到记录载体上的数字输出	G06F-012/08	在分级结构的存储系统中内存系统
G06F-015/16	两个或多个数字计算机的组合，其中每台至少具有一个运算单元、一个程序器及一个寄存器	G06F-011/00	错误检测；错误校正；监控

为了更清晰地反映各小类中各分组的申请数目情况，表1.4.2.2至

表1.4.2.11给出了图1.4.1.1中10个的IPC小类的分组详细信息。从统计数据可以看出：1995~2014年而G06（计算；推算；计数）、H04（电通信技术）、G11（信息存储）等大类申请数多，属于信息存储技术中发展比较成熟稳定的大类。G06F-012/00组（在存储器系统或体系结构内的存取、寻址或分配）、G06F-017/3组（信息检索；及其数据库结构）、G06F-013/00组（信息或其他信号在存储器、输入/输出设备或者中央处理机之间的互连或传送）等一直是研究重点。G06F-011/00组（错误检测；错误校正；监控）、H04L-009/32组（包括用于验证系统用户的身份或权限的方法）、H04L-009/00组（秘密通信或安全通信装置）等正受到关注。

表1.4.2.2　G06F排名前20的分组明细

排名	IPC分组	专利数量/件	含义	排名	IPC分组	专利数量/件	含义
1	G06F-012/00	21190	在存储器系统或体系结构内的存取、寻址或分配	7	G06F-003/12	6484	传输到打印装置上去的数字输出
2	G06F-017/30	15359	信息检索；及其数据库结构	8	G06F-012/16	5784	防止内存数据丢失的保护
3	G06F-013/00	12128	信息或其他信号在存储器、输入/输出设备或者中央处理机之间的互连或传送	9	G06F-012/08	5681	在分级结构的存储系统中内存系统
4	G06F-003/06	9429	来自记录载体的数字输入，或者到记录载体上的数字输出	10	G06F-017/60	5617	—
5	G06F-015/16	7252	两个或多个数字计算机的组合，其中每台至少具有一个运算单元、一个程序器及一个寄存器	11	G06F-011/00	5594	错误检测；错误校正；监控
6	G06F-012/02	6632	寻址或地址分配；重定位	12	G06F-021/00	5288	用来防止未授权行为来保护计算机、其部件、程序或数据的安全措施

续表

排名	IPC分组	专利数量/件	含义	排名	IPC分组	专利数量/件	含义
13	G06F-012/14	5234	阻止越权使用内存的保护	17	G06F-009/44	4053	用于执行具体程序的装置
14	G06F-017/00	4962	适用于特定功能的数字计算或数据处理的设备或方法	18	G06F-009/445	4021	程序的装载或启动
15	G06F-003/00	4519	用于将所要处理的数据转变成为计算机能够处理的形式的输入装置；用于将数据从处理机传送到输出设备的输出装置；如接口	19	G06F-007/00	3826	通过对待处理的指令或数据进行操作的处理的数据的方法或装置
16	G06F-019/00	4173	专门实用于特定应用的数字计算或数据处理设备或方法	20	G06F-015/00	3706	通用数字计算机；通用数据处理设备

表1.4.2.3　G11排名前20的分组明细

排名	IPC分组	专利数量/件	含义	排名	IPC分组	专利数量/件	含义
1	G11B-020/10	7744	数字记录或复制	6	G11B-027/00	3221	编辑；索引；寻址；定时或同步；监控；磁带行程的测量
2	G11C-007/00	4114	数字存储器信息的写入或读出装置	7	G11B-020/12	2851	格局设计，例如记录载体上的数据块或字的排列形式
3	G11C-016/06	3998	辅助电路，例如，用于写入内存的电路	8	G11B-007/00	2739	光学方法的记录或复制，例如用光辐射的热辐射束来记录，用低功率光束进行复制
4	G11C-016/04	3306	可变阈值晶体管的使用，例如FAMOS	9	G11C-016/02	2726	电可编程
5	G11C-029/00	3222	存储器正确操作的检测；备用或离线操作期间测试存储器	10	G11B-027/10	2157	磁带行程的测量；索引；寻址；定时或同步

续表

排名	IPC分组	专利数量/件	含义	排名	IPC分组	专利数量/件	含义
11	G11C-011/34	2138	半导体器件的应用	16	G11B-007/24	1486	按形状、结构或物理特性来区分记录载体，或者通过所选用的材料来区分
12	G11C-011/00	1874	以使用特殊的电或磁存储元件为特征而区分的数字存储器	17	G11C-008/00	1423	数字存储器中用于地址选择的装置
13	G11C-007/10	1854	输入/输出(I/O)数据接口装置，例如I/O数据控制电路，I/O数据缓冲器	18	G11B-019/02	1332	操作功能的控制，例如从记录到复制的切换
14	G11B-005/09	1689	数字记录	19	G11C-016/10	1276	编程或数据输入电路
15	G11B-020/18	1546	错误的检测或校正；测试	20	G11B-021/02	1085	磁头的驱动或移动

表1.4.2.4　H04L排名前20的分组明细

排名	IPC分组	专利数量/件	含义	排名	IPC分组	专利数量/件	含义
1	H04L-009/32	3103	包括用于验证系统用户的身份或权限的方法	7	H04L-009/08	1118	密钥分配
2	H04L-012/56	3028	分组交换系统（转入H04L-012/70）	8	H04L-012/58	1000	消息交换系统
3	H04L-029/06	2990	以协议为特征的	9	H04L-012/26	952	监视装置；测试装置
4	H04L-012/28	2900	以通路配置为特征的，例如局域网（LAN）或广域网（WAN）	10	H04L-012/24	932	用于维护或管理的装置
5	H04L-029/08	2273	传输控制程序，例如数据链路级控制程序	11	H04L-012/54	839	存储转发交换系统(分组交换系统的转入H04L-012/70)
6	H04L-009/00	2180	秘密通信或安全通信装置	12	H04L-001/00	647	用于对接收的信息进行检错和纠错的装置

续表

排名	IPC分组	专利数量/件	含义	排名	IPC分组	专利数量/件	含义
13	H04L-012/66	611	用于在不同类型交换系统的网络之间连接的装置，如网关	17	H04L-009/28	382	使用特殊的加密算法
14	H04L-009/10	446	带有特殊机体、物理特征或人工控制	18	H04L-012/40	364	总线网络
15	H04L-012/46	430	网络互连	19	H04L-013/08	356	中间存储装置
16	H04L-009/14	422	使用多个密钥或算法	20	H04L-007/00	324	接收器与发射器的同步装置

表1.4.2.5 H01H排名前20的分组明细

排名	IPC分组	专利数量/件	含义	排名	IPC分组	专利数量/件	含义
1	H01H-009/54	27	不适用于开关装置特定应用的且未包含在其他开关设备的电路装置	5	H01H-003/00	14	触点操作机构
2	H01H-047/00	27	不适用于继电器特定应用的、用于获得所需工作特性或提供激磁电流的电路装置	6	H01H-037/76	13	由熔断材料的熔化、易燃材料的燃烧或易爆材料的爆炸产生的触点部件
3	H01H-035/00	18	由物理状态的变化操作的开关	7	H01H-073/00	13	过载保护短路开关，在电流过大时通过自动释放由手动复位机构的先前操作而储存的机械能，从而打开触点
4	H01H-003/30	16	应用发条传动装置的	8	H01H-083/00	11	不仅在电流过大时，而且在各种异常电气工况出现时都会触发的保护开关，如断路开关或保护继电器

排名	IPC分组	专利数量/件	含义	排名	IPC分组	专利数量/件	含义
9	H01H-000/00	10	—	15	H01H-071/10	9	操作或释放机构
10	H01H-009/00	10	不包含在H01H-001/00至H01H-007/00组内的开关装置的零部件	16	H01H-071/74	9	调整设备提供保护作用的条件的装置
11	H01H-013/02	10	零部件	17	H01H-033/40	8	应用发条传动装置的
12	H01H-013/70	10	具有与不同触点组关联的多个操作部件，如键盘	18	H01H-033/59	8	不适用于开关特定应用的、未包含在其他类的电路装置，如保证开关在交流周期的预定点触发的电路装置
13	H01H-033/666	10	操作装置	19	H01H-037/00	8	热控开关
14	H01H-071/00	9	包含在H01H-073/00至H01H-083/00各组内的保护开关或继电器的零部件	20	H01H-083/02	8	由接地故障电流操作的

表1.4.2.6 G06K排名前20的分组明细

排名	IPC分组	专利数量/件	含义	排名	IPC分组	专利数量/件	含义
1	G06K-017/00	3161	在包括G06K-001/00至G06K-015/00两个或多个大组中的设备之间实现协同作业的方法或装置，例如结合有内置传送和读数操作的自动卡片文件	2	G06K-009/00	2267	用于阅读、识别印刷或书写的字符或者用于识别图形（如指纹）的方法或装置

续表

排名	IPC分组	专利数量/件	含义	排名	IPC分组	专利数量/件	含义
3	G06K-019/07	2253	带有集成电路芯片	12	G06K-009/46	570	图像特征或特性的提取
4	G06K-019/00	1100	与机器联用的记录载体，并且其中至少一部分带有数字标记	13	G06K-009/62	541	使用电子设备进行识别的方法或装置
5	G06K-015/00	935	用于产生输出数据的永久性可视显示的装置	14	G06K-019/10	492	至少一种用于身份验证的标记，例如信用卡或身份证
6	G06K-009/36	866	图像预处理，即无需判定图像同一性的图像信息处理	15	G06K-015/02	487	使用打印机
7	G06K-007/00	864	检测记录载体的方法或装置	16	G06K-005/00	355	检验在记录载体上的标记正确性的方法或装置；列检测设备
8	G06K-019/077	667	用于电路的特殊装置，例如用于保护存储器中的标识码	17	G06K-009/20	345	图像采集
9	G06K-019/077	635	装配细节，例如载体中电路的安装	18	G06K-001/00	304	以数字方式标记记录载体的方法或装置
10	G06K-007/10	623	采用电磁辐射的，例如光传感；采用微粒辐射的	19	G06K-009/40	269	噪声过滤
11	G06K-019/06	575	按数字标记的种类区分例如形状、性质、代码	20	G06K-009/32	227	图像拍摄或图像分布图的对准或中心校正

表1.4.2.7　H04B排名前20的分组明细

排名	IPC分组	专利数量/件	含义	排名	IPC分组	专利数量/件	含义
1	H04B-001/40	1680	电路	11	H04B-005/00	244	近场传输系统，如感应线圈式
2	H04B-007/26	1547	至少其中一个是移动的	12	H04B-001/59	180	应答器；发射机应答机
3	H04B-001/16	1007	电路	13	H04B-001/707	171	利用直接序列调制的
4	H04B-001/38	856	收发两用机，即发射机和接收机形成一个结构整体，并且其中至少有一部分用作发射和接受功能的装置	14	H04B-001/10	156	与接收机相联用于限制或抑制噪声或干扰的装置
5	H04B-007/00	440	无线电传输系统，如利用辐射场的	15	H04B-007/24	155	用于两个或两个以上站之间的通信
6	H04B-017/00	352	监控；测试	16	H04B-001/18	142	输入电路，例如用于与天线或传输线相耦合的
7	H04B-001/66	270	减少信号带宽或者提高传输效率	17	H04B-001/04	137	电路
8	H04B-005/02	258	使用收发信机	18	H04B-001/20	126	用于把唱机拾音器、录音机输出端或传声器与接收机相耦合的
9	H04B-001/00	254	不包含在H04B-003/00至H04B-013/00单个组中的传输系统的部件；不以所使用的传输媒介为特征区分的传输系统的部件	19	H04B-010/00	126	利用无线电波以外的电磁波(例如红外线、可见光或紫外线)或利用微粒辐射(例如量子通信)的传输系统（注：在本组中，非光学传输系统被分到H04B-010/90）
10	H04B-001/06	246	接收机	20	H04B-001/74	113	用于增加可靠性，例如采用冗余或备用通道或设备

表1.4.2.8 H04Q排名前20的分组明细

排名	IPC分组	专利数量/件	含义	排名	IPC分组	专利数量/件	含义
1	H04Q-007/38	2545	(转入H04W-004/00至H04W-012/12，H04W-028/00至H04W-080/12)	9	H04Q-007/24	322	(转入H04W-084/00至H04W-084/14，H04W-088/14至H04W-088/18，H04W-092/00至H04W-092/24)
2	H04Q-009/00	1327	用于从主站选择的呼叫一个分站的遥控或遥测系统的装置，在主站选出所需的设备是为了向它发出控制信号或从它获取测量值	10	H04Q-007/14	283	(转入H04W-088/02至H04W-088/06)
3	H04Q-007/32	957	(转入H04W-088/02至H04W-088/06，H04W-92/08至H04W-092/10)	11	H04Q-011/04	239	用于时分多路复用的
4	H04Q-007/20	771	(转入H04W-084/02至H04W-084/22)	12	H04Q-007/00	220	(转入H04W-004/00至H04W-099/00)
5	H04Q-007/34	547	(转入H04W-024/00至H04W-024/10)	13	H04Q-005/22	214	附属交换中心不能把链接到该中心的用户互相连接
6	H04Q-007/22	431	(转入H04W-084/00至H04W-084/08，H04W-088/14至H04W-088/18，H04W-092/00至H04W-092/24)	14	H04Q-003/545	212	利用存储程序
7	H04Q-003/00	343	选择装置	15	H04Q-005/00	139	两个或两个以上用户站由同一线路链接到交换机的选择装置
8	H04Q-003/58	343	在主交换站和交换分站或卫星之间提供链接的装置	16	H04Q-007/36	114	(转入H04W-016/00至H04W-016/32)

续表

排名	IPC分组	专利数量/件	含义	排名	IPC分组	专利数量/件	含义
17	H04Q-007/30	113	(转入H04W-088/08至H04W-088/12，H04W-092/12至H04W-094/14，H04W-092/20至H04W-092/22)	19	H04Q-011/00	104	多路复用系统的选择装置
18	H04Q-007/28	112	(转入H04W-084/08，H04W-088/14至H04W-088/18，H04W-092/00至H04W-092/24)	20	H04Q-001/00	98	选择设备或装置的零部件

表1.4.2.9 H03M排名前20的分组明细

排名	IPC分组	专利数量/件	含义	排名	IPC分组	专利数量/件	含义
1	H03M-013/00	1602	用于检错或纠错码、译码或代码换；编码理论基本假设；编码约束；误差概率估计方法；信道模拟；代码的模拟或测试	5	H03M-007/00	314	把用给定序列的数字或给定数目的数字来表示信息的码，转换到用序列的数字或不同数目的数字来表示相同信息的码
2	H03M-007/30	794	压缩；扩展；消除不需要的数据，例如减少冗余	6	H03M-013/29	265	合并两个或多个代码或代码结构，例如乘积码、广义乘积码、连接码、内层码和外层码
3	H03M-013/05	480	应用分组码，即与锁定信息位编号相连的预定校验位编号	7	H03M-013/03	234	用数据表示中的冗余项检错或前向纠错，即码字包含比源字更多的位数
4	H03M-007/40	328	转换到可变长度码或相反转换，例如Shannon-Fano编码、霍夫曼编码、莫尔斯编码	8	H03M-007/36	187	转换到数个比特的差分调制或相反转换，即用多于1个比特为逐次取样之间的差分编码

排名	IPC分组	专利数量/件	含义	排名	IPC分组	专利数量/件	含义
9	H03M-013/27	186	应用纠错技术的	15	H03M-013/41	131	应用维特比算法或维特比处理器的
10	H03M-013/11	173	应用多位奇偶校验位的	16	H03M-013/19	102	未应用循环码(如汉明码、扩充或广义汉明码)的特定特性的单个纠错
11	H03M-013/09	163	只检错的,例如应用循环冗余校验(CRC)码或1位奇偶校验位的	17	H03M-007/46	100	转换到游程编码或相反转换,即相同类的连续数字或数字组的数目用表征该类的1个码子和1个数字来表示
12	H03M-001/12	156	模/数转换器	18	H03M-001/10	98	校正或测试
13	H03M-013/15	151	循环码,即码字的循环移位产生其他码字,例如由多项式、玻色-查德赫利-霍克昆海母(BCH)代码发生器定义的代码	19	H03M-013/23	75	应用积卷码,如单位存储器码
14	H03M-011/04	146	多功能键的编码	20	H03M-007/42	72	编码或译码过程中查表的,例如用只读存储器

表1.4.2.10　G05B排名前20的分组明细

排名	IPC分组	专利数量/件	含义	排名	IPC分组	专利数量/件	含义
1	G05B-023/02	802	电量测试与监控	3	G05B-019/05	598	可编程序逻辑控制器,例如根据梯形图或功能图模拟信号的逻辑互联
2	G05B-019/418	607	全面工厂控制,即集中控制多机器,例如直接或分布式数字管理、灵活生产系统、集成生产系统、计算机集成制造	4	G05B-019/042	366	使用数字处理器

排名	IPC分组	专利数量/件	含义	排名	IPC分组	专利数量/件	含义
5	G05B-019/04	340	除数字控制外的程序控制，即顺序控制器或逻辑控制器	13	G05B-019/02	176	电的
6	G05B-015/02	334	电的	14	G05B-009/02	120	电的
7	G05B-019/18	240	数字控制(NC)，即在特殊机床上的自动操作机器，例如在一个控制环境中通过数字形式中程序数据的方法来执行定位、移动或协调操作	15	G05B-019/42	116	使用数字处理器
8	G05B-019/00	228	程序控制系统	16	G05B-019/414	94	控制系统的结构，例如普通控制器或多处理器系统、伺服接口、可编程接口控制器
9	G05B-019/048	205	监视；安全装置	17	G05B-019/4093	76	以部分编程为特征的，例如对于NC机器，从1个工艺图中取出几何信息，将其与机器和材料信息相结合，包含控制信息、命名部分编程
10	G05B-013/02	202	电的	18	G05B-023/00	72	控制系统或其部件的检测或监视
11	G05B-011/01	198	电的	19	G05B-019/409	66	以使用手工数据输入(MDI)或以使用控制板作为特征，例如板的控制程序；或以控制板细节或设定参数为特征
12	G05B-015/00	184	通过计算机进行系统控制	20	G05B-019/406	62	以监视或安全装置为特征的

表1.4.2.11　G03G排名前20的分组明细

排名	IPC分组	专利数量	含义
1	G03G-021/00	2394	对于G03G-013/00至G03G-019/00各组中的装置不提供整理，例如清洁、消除残余电荷
2	G03G-015/00	1181	应用负载模式的电记录处理装置
3	G03G-021/14	408	电子排序控制
4	G03G-015/08	355	应用固态显影剂，如粉末显影剂
5	G03G-015/01	347	用于生产多色复制品的
6	G03G-021/04	255	防止原创复制
7	G03G-021/18	251	应用处理暗盒
8	G03G-015/36	234	编辑，即由复制一个或多个原件图像或其中某些部分而构成一个复合图像
9	G03G-015/20	139	固定，如使用加热法
10	G03G-021/02	138	计数复制品的数量；记账
11	G03G-015/04	136	曝光，即将原件图像光学投影到光导记录材料上面进行图像曝光
12	G03G-015/16	88	调色剂模式，如粉末模式
13	G03G-015/043	70	控制照明和曝光的方法
14	G03G-021/16	68	使设备维护简易的机械方法，例如，组合式装置
15	G03G-015/02	55	用于沉积均匀电荷的，即感光用的：电晕放电装置
16	G03G-015/06	38	显影用的
17	G03G-021/20	28	湿度或温度控制
18	G03G-021/10	27	收集或回收使用过的显影剂
19	G03G-015/22	24	包括从G03G-013/02至G03G-013/20各组多步骤的组合

1.4.3 主要竞争对手的重点研发领域

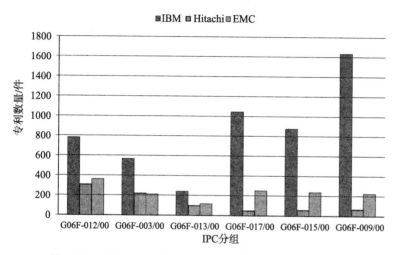

图1.4.3.1 1995~2014年IBM、Hitachi和EMC重点研发领域

在存储系统方向领先的三个研究单位，分别为美国IBM公司、日本Hitachi（日立）公司、美国伊姆西公司。进一步分析其技术发展重点发现，这三家公司的研究测重点比较明显（如图1.4.3.1所示），IBM公司的核心专利集中在G06F-009/00大组和G06F-017/00大组，而伊姆西公司和日立公司的核心专利体现在G06F-012/00大组和G06F-003/00大组。上述各大组含义参考表1.4.3.1，更详细的说明请参考文献[6]（国家知识产权局IPC分类查询平台）。

表1.4.3.1 部分IPC大组含义

IPC大组	含义	IPC大组	含义
G06F-012/00	对存储器系统或体系结构内的存取、寻址或分配	G06F-017/00	特别适用于特定功能的数字计算设备或数据处理设备或数据处理方法
G06F-003/00	用于将所要处理的数据转变成为计算机能够处理的形式的输入装置；用于将数据从处理机传送到输出设备的输出装置，如接口装置	G06F-015/00	通用数字计算机

续表

IPC 大组	含义	IPC 大组	含义
G06F- 013/00	信息或其他信号在存储器、输入/ 输出设备或者中央处理机之间的互 连或传送	G06F- 009/00	程序控制装置，如控制器

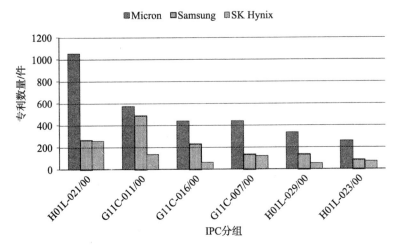

图1.4.3.2　1995~2014年美光（Micron）、三星（Samsung）和SK海力士（SK Hynix）重点研发领域

在固态存储方向领先的三个研究单位，分别为美国美光公司、韩国三星公司、韩国SK海力士公司。分析上述三家公司的技术发展重点，图1.4.3.2显示，这三家公司核心专利申请集中在H01L-021/00大组、G11C-011/00大组和G11C-007/00大组。上述各大组含义参考表1.4.3.2。

表1.4.3.2　部分IPC大组含义

IPC 大组	含义	IPC 大组	含义
H01L- 021/00	专门适用于制造或处理半导体或固体器件或其部件的方法或设备	G11C- 007/00	数字存储器信息的写入或读出装置（G11C-005/00优先；用于采用半导体器件的存储器的辅助电路入G11C-011/4063、G11C-011/413和G11C-011/4193）

IPC 大组	含义	IPC 大组	含义
G11C-011/00	以使用特殊的电或磁存储元件为特征而区分的数字存储器；为此所用的存储元件（G11C-014/00至G11C-021/00优先）	H01L-029/00	专门适用于整流、放大、振荡或切换，并具有至少一个电位跃变势垒或表面势垒的半导体器件；具有至少一个电位跃变势垒或表面势垒，例如PN结耗尽层或载流子集结层的电容器或电阻器；半导体本体或其电极的零部件（H01L-031/00至H01L-047/00，H01L-051/05优先；除半导体或其电极之外的零部件入H01L-023/00；由在一个共用衬底内或其上形成的多个固态组件组成的器件入H01L-027/00）
G11C-016/00	可擦除可编程序只读存储器（G11C-014/00优先）	H01L-023/00	半导体或其他固态器件的零部件（H01L-025/00优先）

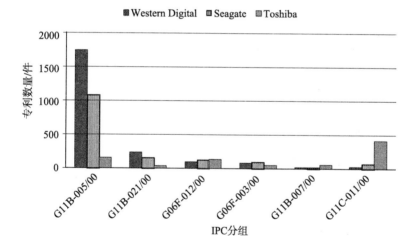

图1.4.3.3　1995~2014年西部数据（Western Digital）、希捷（Seagate）和东芝（Toshiba）重点研发领域

在磁盘存储方向领先的三个研究单位，分别为美国西部数据公司、美国希捷公司、日本东芝公司。进一步分析其技术发展重点发现，这三家公司的核心专利在G11B-005/00大组比较集中，而且，日本东芝公司在

G11C-011/00大组优势明显（如图1.4.3.3所示）。上述各大组含义参考表1.4.3.3。

表1.4.3.3　部分IPC大组含义

IPC大组	含义
G11B-005/00	借助于记录载体的激磁或退磁进行记录的；用磁性方法进行重现的；为此所用的记录载体（G11B-011/00优先）
G11B-021/00	并非专指记录或重现方法的换能头装置
G06F-012/00	在存储器系统或体系结构内的存取、寻址或分配（信息存储本身入G11）
G06F-003/00	用于将所要处理的数据转变成为计算机能够处理的形式的输入装置；用于将数据从处理机传送到输出设备的输出装置，如接口装置
G11B-007/00	用光学方法，例如用光辐射的热射束记录用低功率光束重现的；为此所用的记录载体（G11B-011/00和G11B-013/00优先）
G11C-011/00	以使用特殊的电或磁存储元件为特征而区分的数字存储器；为此所用的存储元件（G11C-014/00至G11C-021/00优先）

表1.4.3.4至表1.4.3.13给出了1995~2014年度核心专利公开量排名靠前的专利权人（公司）排名前10位（见表1.3.3.2）的技术领域及其专利数量信息。从全球信息存储技术专利申请数量较多的IPC组，可看出各活跃IPC组的专利权人的专利数量分布情况。

表1.4.3.4　美国IBM公司核心专利中排名前20位的技术（IPC组）说明

排名	IPC大组	专利数量/件	含义	排名	IPC大组	专利数量/件	含义
1	G06F 9/00	1637	程序控制装置，例如控制器（用于外部设备的程序控制入G06F-013/10）	3	G06F 15/00	878	通用数字计算机（零部件入G06F-001/00至G06F-013/00组）；通用数据处理设备
2	G06F 17/00	1049	特别适用于特定功能的数字计算设备或数据处理设备或数据处理方法	4	G06F 12/00	784	在存储器系统或体系结构内的存取、寻址或分配（信息存储本身入G11）

排名	IPC大组	专利数量/件	含义	排名	IPC大组	专利数量/件	含义
5	G06F 11/00	604	错误检测；错误校正；监控（在记录载体上作出核对其正确性的方法或装置入G06K-005/00；基于记录载体和传感器之间的相对运动而实现的信息存储中所用的方法或装置入G11B，例如G11B-020/18；静态存储中所用的方法或装置入G11C-029/00）	10	H04L 29/00	155	H04L-001/00至H04L-027/00单个组中不包含的装置、设备、电路和系统
6	G06F 3/00	568	用于将所要处理的数据转变成为计算机能够处理的形式的输入装置；用于将数据从处理机传送到输出设备的输出装置，例如接口装置	11	H04L 12/00	140	数据交换网络（存储器、输入/输出设备或中央处理单元之间的信息或其他信号的互连或传送入G06F-013/00）
7	G06F 7/00	447	通过待处理的数据的指令或内容进行运算的数据处理的方法或装置（逻辑电路入H03K-019/00）	12	G06F 21/00	136	防止未授权行为的保护计算机、其部件、程序或数据的安全装置
8	G06F 13/00	242	信息或其他信号在存储器、输入/输出设备或者中央处理机之间的互连或传送（专用于输入/输出设备的接口电路入G06F-003/00；多处理机系统入G06F-015/16）	13	G11B 5/00	131	借助于记录载体的激磁或退磁进行记录的；用磁性方法进行重现的；为此所用的记录载体（G11B-011/00优先）
9	G06F 1/00	176	不包括在G06F-003/00至G06F-013/00和G06F-021/00各组的数据处理设备的零部件（通用存储程序计算机的结构入G06F-015/76）	14	H04L 9/00	98	保密或安全通信装置

排名	IPC大组	专利数量/件	含义	排名	IPC大组	专利数量/件	含义
15	G11C 11/00	74	以使用特殊的电或磁存储元件为特征而区分的数字存储器；为此所用的存储元件（G11C-014/00至G11C-021/00优先）	18	G06Q 10/00	49	行政；管理
16	G06K 9/00	70	用于阅读或识别印刷或书写字符或者用于识别图形，例如指纹的方法或装置（用于图表阅读或者将诸如力或现状态的机械参量的图形转换为电信号的方法或装置入G06K-011/00；语音识别入G10L-015/00）	19	G06F 19/00	36	专门适用于特定应用的数字计算或数据处理的设备或方法（G06F-017/00优先；专门适用于行政、商业、金融、管理、监督或预测目的的数据处理系统或数据处理方法入G06Q）
17	G11C 29/00	61	存储器正确运行的校验；备用或离线操作期间测试存储器	20	H01L 21/00	32	专门适用于制造或处理半导体或固体器件或其部件的方法或设备

表1.4.3.5 美国微软公司核心专利中排名前20位的技术（IPC组）说明

排名	IPC分组	专利数量/件	含义	排名	IPC分组	专利数量/件	含义
1	G06F 17/00	1002	特别适用于特定功能的数字计算设备或数据处理设备或数据处理方法	3	G06F 15/00	718	通用数字计算机（零部件入G06F-001/00至G06F-013/00组）；通用数据处理设备
2	G06F 9/00	954	程序控制装置，例如控制器（用于外部设备的程序控制入G06F-013/10）	4	G06F 3/00	639	用于将所要处理的数据转变成为计算机能够处理的形式的输入装置；用于将数据从处理机传送到输出设备的输出装置，例如接口装置

排名	IPC分组	专利数量/件	含义	排名	IPC分组	专利数量/件	含义
5	G06F 7/00	401	通过待处理的数据的指令或内容进行运算的数据处理的方法或装置（逻辑电路入H03K-019/00）	10	G06F 21/00	139	防止未授权行为的保护计算机、其部件、程序或数据的安全装置
6	G06F 12/00	319	在存储器系统或体系结构内的存取、寻址或分配（信息存储本身入G11）	11	H04L 29/00	136	H04L-001/00至H04L-027/00单个组中不包含的装置、设备、电路和系统
7	G06F 11/00	233	错误检测；错误校正；监控（在记录载体上作出核对其正确性的方法或装置入G06K-005/00；基于记录载体和传感器之间的相对运动而实现的信息存储中所用的方法或装置入G11B，例如G11B-020/18；静态存储中所用的方法或装置入G11C-029/00）	12	H04L 9/00	131	保密或安全通信装置
8	G06K 9/00	211	用于阅读或识别印刷或书写字符或者用于识别图形，例如指纹的方法或装置（用于图表阅读或者将诸如力或现状态的机械参量的图形转换为电信号的方法或装置入G06K-011/00；语音识别入G10L-015/00）	13	H04L 12/00	92	数据交换网络（存储器、输入/输出设备或中央处理单元之间的信息或其他信号的互连或传送入G06F-013/00）
9	G06F 13/00	157	信息或其他信号在存储器、输入/输出设备或者中央处理机之间的互连或传送（专用于输入/输出设备的接口电路入G06F-003/00；多处理机系统入G06F-015/16）	14	G06F 1/00	91	不包括在G06F-003/00至G06F-013/00和G06F-021/00各组的数据处理设备的零部件（通用存储程序计算机的结构入G06F-015/76）

续表

排名	IPC分组	专利数量/件	含义	排名	IPC分组	专利数量/件	含义
15	H04N 7/00	56	电视系统（部件入H04N-003/00和H04N-005/00，专用于彩色电视的系统入H04N-011/00；立体电视系统入H04N-013/00，可选的内容分发入H04N-021/00）	18	H04B 1/00	28	不包含在H04B-003/00至H04B-013/00单个组中的传输系统的部件；不以所使用的传输媒介为特征区分的传输系统的部件
16	G09G 5/00	44	阴极射线管指示器及其他目标指示器通用的目视指示器的控制装置或电路	19	H04N 5/00	23	电视系统的零部件（扫描部件或其与供电电压产生的组合入H04N-003/00；专门适用于彩色电视的零部件入H04N-009/00；专门适用于内容分发的专用服务器入H04N-021/20；客户端设备明确适合接收内容或者交互式内容入H04N-021/40）
17	A63F 13/00	29	使用二维或多维电子显示器（如在电视屏幕上）显示与游戏有关图像的游戏方面（电路见有关小类）	20	G06Q 10/00	20	行政；管理

表1.4.3.6 美国美光公司核心专利中排名前20位的技术（IPC组）说明

排名	IPC分组	专利数量/件	含义	排名	IPC分组	专利数量/件	含义
1	H01L-021/00	1053	专门适用于制造或处理半导体或固体器件或其部件的方法或设备	3	G11C-016/00	438	可擦除可编程序只读存储器
2	G11C-011/00	573	以使用特殊的电或磁存储元件为特征而区分的数字存储器；为此所用的存储元件	4	G11C-007/00	437	数字存储器信息的写入或读出装置

排名	IPC分组	专利数量/件	含义	排名	IPC分组	专利数量/件	含义
5	H01L-029/00	336	专门适用于整流、放大、振荡或切换，并具有至少一个电位跃变势垒或表面势垒的半导体器件；具有至少一个电位跃变势垒或表面势垒，如PN结耗尽层或载流子集结层的电容器或电阻器；半导体本体或其电极的零部件	12	G11C-008/00	109	数字存储器中用于地址选择的装置
6	G06F-012/00	278	在存储器系统或体系结构内的存取、寻址或分配	13	G06F-011/00	96	错误检测；错误校正；监控
7	H01L-023/00	258	半导体或其他固态器件的零部件	14	G06F-009/00	83	程序控制装置，如控制单元
8	G11C-029/00	227	存储器正确运行的校验；备用或离线操作期间测试存储器	15	G01R-031/00	77	电性能的测试装置；电故障的探测装置；以所进行的测试在其他位置未提供为特征的电测试装置
9	H01L-027/00	213	由在一个共用衬底内或其上形成的多个半导体或其他固态组件组成的器件	16	G06F-001/00	72	不包括在G06F-003/00至G06F-013/00和G06F-021/00各组的数据处理设备的零部件
10	G11C-005/00	155	包括在G11C-011/00组中的存储器零部件	17	G06F-003/00	61	用于将所要处理的数据转变成计算机能够处理的形式的输入装置；用于将数据从处理机传送到输出设备的输出装置
11	G06F-013/00	128	信息或其他信号在存储器、输入/输出设备或者中央处理机之间的互连或传送	18	H03L-007/00	61	频率或相位的自动控制；同步

续表

排名	IPC分组	专利数量/件	含义	排名	IPC分组	专利数量/件	含义
19	G11C-017/00	53	只可一次编程的只读存储器；半永久存储器，如手动可替换信息卡片的	20	H01L-047/00	42	体负阻效应器件，如耿氏效应器件；专门适用于制造或处理这些器件或其部件的方法或设备

表1.4.3.7 美国英特尔公司核心专利中排名前20位的技术（IPC组）说明

排名	IPC大组	专利数量/件	含义	排名	IPC大组	专利数量/件	含义
1	G06F 9/00	851	程序控制装置，例如控制单元	9	G06F 17/00	161	特别适用于特定功能的数字计算设备或数据处理设备或数据处理方法
2	G06F 12/00	654	在存储器系统或体系结构内的存取、寻址或分配	10	G06F 21/00	142	防止未授权行为的保护计算机、其部件、程序或数据的安全装置
3	G06F 13/00	433	信息或其他信号在存储器、输入/输出设备或者中央处理机之间的互连或传送	11	G06F 7/00	124	通过待处理的数据的指令或内容进行运算的数据处理的方法或装置
4	G06F 1/00	402	不包括在G06F-003/00至G06F-013/00和G06F-021/00各组的数据处理设备的零部件	12	H04L 9/00	112	保密或安全通信装置
5	G06F 15/00	299	通用数字计算机；通用数据处理设备	13	H04L 29/00	100	H04L-001/00至H04L-027/00单个组中不包含的装置、设备、电路和系统
6	G06F 11/00	284	错误检测；错误校正；监控	14	H01L 23/00	95	半导体或其他固态器件的零部件
7	H04L 12/00	259	数据交换网络	15	G11C 11/00	84	以使用特殊的电或磁存储元件为特征而区分的数字存储器；为此所用的存储元件
8	G06F 3/00	193	用于将所要处理的数据转变成为计算机能够处理的形式的输入装置；用于将数据从处理机传送到输出设备的输出装置	16	G11C 7/00	59	数字存储器信息的写入或读出装置

排名	IPC大组	专利数量/件	含义	排名	IPC大组	专利数量/件	含义
17	G11C 29/00	53	存储器正确运行的校验；备用或离线操作期间测试存储器	19	G06K 9/00	50	用于阅读或识别印刷或书写字符或者用于识别图形，如指纹的方法或装置（用于图表阅读或者将诸如力或现状态的机械参量的图形转换为电信号的方法或装置入G06K-011/00；语音识别入G10L-015/00）
18	H04B 1/00	53	不包含在H04B-003/00至H04B-013/00单个组中的传输系统的部件；不以所使用的传输媒介为特征区分的传输系统的部件	20	H01L 21/00	47	专门适用于制造或处理半导体或固体器件或其部件的方法或设备

表1.4.3.8　韩国三星公司核心专利中排名前20位的技术（IPC组）说明

排名	IPC大组	专利数量/件	含义
1	G11C 11/00	487	以使用特殊的电或磁存储元件为特征而区分的数字存储器；为此所用的存储元件（G11C-014/00至G11C-021/00优先）
2	H01L 21/00	267	专门适用于制造或处理半导体或固体器件或其部件的方法或设备
3	G11C 16/00	230	可擦除可编程序只读存储器（G11C-014/00优先）
4	G06F 12/00	199	在存储器系统或体系结构内的存取、寻址或分配（信息存储本身入G11）
5	G06F 3/00	148	用于将所要处理的数据转变成为计算机能够处理的形式的输入装置；用于将数据从处理机传送到输出设备的输出装置，如接口装置
6	H01L 27/00	137	由在一个共用衬底内或其上形成的多个半导体或其他固态组件组成的器件（其零部件入H01L-023/00和H01L-029/00至H01L-051/00；由多个单个固态器件组成的组装件入H01L-025/00）
7	G11C 7/00	133	数字存储器信息的写入或读出装置（G11C-005/00优先；用于采用半导体器件的存储器的辅助电路入G11C-011/4063、G11C-011/413和G11C-011/4193）

排名	IPC大组	专利数量/件	含义
8	H01L 29/00	128	专门适用于整流、放大、振荡或切换，并具有至少一个电位跃变势垒或表面势垒的半导体器件；具有至少一个电位跃变势垒或表面势垒，如PN结耗尽层或载流子集结层的电容器或电阻器；半导体本体或其电极的零部件（H01L-031/00至H01L-047/00，H01L-051/05优先；除半导体或其电极之外的零部件入H01L-023/00；由在一个共用衬底内或其上形成的多个固态组件组成的器件入H01L-027/00）
9	G11B 7/00	122	用光学方法，如用光辐射的热射束记录用低功率光束重现的；为此所用的记录载体（G11B-011/00，G11B-013/00优先）
10	G06F 9/00	106	程序控制装置，例如控制器（用于外部设备的程序控制入G06F-013/10）
11	G06F 11/00	90	错误检测；错误校正；监控（在记录载体上作出核对其正确性的方法或装置入G06K-005/00；基于记录载体和传感器之间的相对运动而实现的信息存储中所用的方法或装置入G11B，如G11B-020/18；静态存储中所用的方法或装置入G11C-029/00）
12	G11B 5/00	87	借助于记录载体的激磁或退磁进行记录的；用磁性方法进行重现的；为此所用的记录载体（G11B-011/00优先）
13	H01L 23/00	87	半导体或其他固态器件的零部件（H01L-025/00优先）
14	G06F 1/00	85	不包括在G06F-003/00至G06F-013/00和G06F-021/00各组的数据处理设备的零部件（通用存储程序计算机的结构入G06F-015/76）
15	G06F 13/00	84	信息或其他信号在存储器、输入/输出设备或者中央处理机之间的互连或传送（专用于输入/输出设备的接口电路入G06F-003/00；多处理机系统入G06F-015/16）
16	G06F 15/00	76	通用数字计算机（零部件入G06F-001/00至G06F-013/00组）；通用数据处理设备
17	H04B 1/00	70	不包含在H04B-003/00至H04B-013/00单个组中的传输系统的部件；不以所使用的传输媒介为特征区分的传输系统的部件
18	G11B 20/00	68	并非专指记录或重现方法的信号处理；为此所用的电路
19	G11C 29/00	65	存储器正确运行的校验；备用或离线操作期间测试存储器
20	G11C 5/00	61	包括在G11C-011/00组中的存储器零部件

表1.4.3.9 美国惠普公司核心专利中排名前20位的技术（IPC组）说明

排名	IPC大组	专利数量/件	含义	排名	IPC大组	专利数量/件	含义
1	G06F 9/00	397	程序控制装置，例如控制器（用于外部设备的程序控制入G06F-013/10）	5	G06F 13/00	218	信息或其他信号在存储器、输入/输出设备或者中央处理机之间的互连或传送（专用于输入/输出设备的接口电路入G06F-003/00；多处理机系统入G06F-015/16）
2	G06F 12/00	335	在存储器系统或体系结构内的存取、寻址或分配（信息存储本身入G11）	6	G06F 1/00	215	不包括在G06F-003/00至G06F-013/00和G06F-021/00各组的数据处理设备的零部件（通用存储程序计算机的结构入G06F-015/76）
3	G06F 15/00	279	通用数字计算机（零部件入G06F-001/00至G06F-013/00组）；通用数据处理设备	7	G06F 3/00	214	用于将所要处理的数据转变成为计算机能够处理的形式的输入装置；用于将数据从处理机传送到输出设备的输出装置，例如接口装置
4	G06F 11/00	264	错误检测；错误校正；监控（在记录载体上作出核对其正确性的方法或装置入G06K-005/00；基于记录载体和传感器之间的相对运动而实现的信息存储中所用的方法或装置入G11B，例如G11B-020/18；静态存储中所用的方法或装置入G11C-029/00）	8	G06F 17/00	180	特别适用于特定功能的数字计算设备或数据处理设备或数据处理方法

排名	IPC大组	专利数量/件	含义	排名	IPC大组	专利数量/件	含义
9	H04L 12/00	173	数据交换网络（存储器、输入/输出设备或中央处理单元之间的信息或其他信号的互连或传送入G06F-013/00）	14	G06F 21/00	38	防止未授权行为的保护计算机、其部件、程序或数据的安全装置
10	G06K 9/00	83	用于阅读或识别印刷或书写字符或者用于识别图形，例如，指纹的方法或装置（用于图表阅读或者将诸如力或现状态的机械参量的图形转换为电信号的方法或装置入G06K-011/00；语音识别入G10L-015/00）	15	G11B 5/00	34	借助于记录载体的激磁或退磁进行记录的；用磁性方法进行重现的；为此所用的记录载体（G11B-011/00优先）
11	G06F 7/00	63	通过待处理的数据的指令或内容进行运算的数据处理的方法或装置（逻辑电路入H03K-019/00）	16	B41J 2/00	30	以打印或标记工艺为特征而设计的打字机或选择性印刷机构（铅字或印模的安装、排列或布置入B41J-001/00；标记方法入B41M-005/00；头的结构或制造，如感应，通过记录载体的生磁或退磁而进行记录入G11B-005/127；电容信息复制头入G11B-009/07）
12	H04L 9/00	56	保密或安全通信装置	17	H05K 7/00	27	对各种不同类型电设备通用的结构零部件（机壳、箱柜或拉屉入H05K-005/00）
13	H04L 29/00	42	H04L-001/00至H04L-027/00单个组中不包含的装置、设备、电路和系统	18	B41J 29/00	27	其他类目不包括的打字机或选择性印刷机构的零件或附件

排名	IPC大组	专利数量/件	含义	排名	IPC大组	专利数量/件	含义
19	G06K 15/00	24	产生输出数据的永久直观显示的装置（与另一操作相结合的打印或绘图，例如与传送操作相结合的入G06K-017/00）	20	H04N 5/00	23	电视系统的零部件（扫描部件或其与供电电压产生的组合入H04N-003/00；专门适用于彩色电视的零部件入H04N-009/00；专门适用于内容分发的专用服务器入H04N-021/20；客户端设备明确适合接收内容或者交互式内容入H04N-021/40）

表1.4.3.10　美国甲骨文公司核心专利中排名前20位的技术（IPC组）说明

排名	IPC大组	专利数量/件	含义	排名	IPC大组	专利数量/件	含义
1	G06F-009/00	887	程序控制装置，例如控制单元	5	G06F-011/00	264	错误检测；错误校正；监控
2	G06F-017/00	621	特别适用于特定功能的数字计算设备或数据处理设备或数据处理方法	6	G06F-007/00	212	通过待处理的数据的指令或内容进行运算的数据处理的方法或装置
3	G06F-012/00	506	在存储器系统或体系结构内的存取、寻址或分配	7	G06F-013/00	173	信息或其他信号在存储器、输入/输出设备或者中央处理机之间的互连或传送
4	G06F-015/00	328	通用数字计算机；通用数据处理设备	8	G06F-003/00	172	用于将所要处理的数据转变成为计算机能够处理的形式的输入装置；用于将数据从处理机传送到输出设备的输出装置

排名	IPC大组	专利数量/件	含义	排名	IPC大组	专利数量/件	含义
9	H04L-012/00	130	数据交换网络	15	G11C-029/00	22	存储器正确运行的校验；备用或离线操作期间测试存储器
10	G06F-001/00	69	不包括在G06F-003/00至G06F-013/00和G06F-021/00各组的数据处理设备的零部件	16	G11C-007/00	18	数字存储器信息的写入或读出装置
11	H04L-029/00	60	H04L-001/00至H04L-027/00单个组中不包含的装置、设备、电路和系统	17	G11B-015/00	13	细丝或薄片记录载体的驱动、起动或停动；这种记录载体和换能头的驱动；这种记录载体或放置这种记录载体的容器的制导；它们的控制；操作功能的控制
12	G06F-021/00	38	防止未授权行为的保护计算机、其部件、程序或数据的安全装置	18	H05K-007/00	12	对各种不同类型电设备通用的结构零部件
13	G11B-005/00	37	借助于记录载体的激磁或退磁进行记录的；用磁性方法进行重现的；为此所用的记录载体	19	H03M-013/00	11	用于检错或纠错的编码、译码或代码转换；编码理论基本假设；编码约束；误差概率估计方法；信道模型；代码的模拟或测试
14	H04L-009/00	37	保密或安全通信装置	20	G01R-031/00	10	电性能的测试装置；电故障的探测装置；以所进行的测试在其他位置未提供为特征的电测试装置

表1.4.3.11　美国西部数据公司核心专利中排名前20位的技术（IPC组）说明

排名	IPC 大组	专利数量/件	含义	排名	IPC 大组	专利数量/件	含义
1	G11B-005/00	1751	借助于记录载体的激磁或退磁进行记录的；用磁性方法进行重现的；为此所用的记录载体	8	G06F-011/00	53	错误检测；错误校正；监控
2	G11B-021/00	244	并非专指记录或重现方法的换能头装置	9	G11B-020/00	51	并非专指记录或重现方法的信号处理；为此所用的电路
3	G06F-012/00	101	在存储器系统或体系结构内的存取、寻址或分配	10	G01R-033/00	49	测量磁变量的装置或仪器
4	G06F-003/00	85	用于将所要处理的数据转变成为计算机能够处理的形式的输入装置；用于将数据从处理机传送到输出设备的输出装置	11	G11B-019/00	48	并非专用于细丝或薄片形记录载体或具有支承物的记录载体的驱动、起动、停动；它们的控制；操作功能的控制
5	G11B-033/00	84	本小类其他各组中不包含的结构部件、零部件或附件	12	G11B-017/00	46	并非专用于细丝或薄片形记录载体或具有支承物的记录载体的制导
6	G11B-027/00	70	编辑；索引；寻址；定时或同步；监控；磁带行程的测量	13	B44C-001/00	42	其他类目不专门包含的用于产生装饰表面效果的工艺
7	G11B-011/00	61	利用列入G11B-003/00至G11B-007/00的不同大组的或列入大组G11B-009/00的不同小组的方法或装置在同一记录载体上进行记录或重现的；为此所用的记录载体	14	G06F-013/00	39	信息或其他信号在存储器、输入/输出设备或者中央处理机之间的互连或传送

排名	IPC大组	专利数量/件	含义	排名	IPC大组	专利数量/件	含义
15	G11B-015/00	30	细丝或薄片记录载体的驱动、起动或停动；这种记录载体和换能头的驱动；这种记录载体或放置这种记录载体的容器的制导；它们的控制；操作功能的控制	18	G11B-007/00	21	用光学方法，例如用光辐射的热射束记录用低功率光束重现的；为此所用的记录载体
16	C23C-014/00	28	通过覆层形成材料的真空蒸发、溅射或离子注入进行镀覆	19	H04N-005/00	21	电视系统的零部件
17	G06F-001/00	24	不包括在G06F-003/00至G06F-013/00和G06F-021/00各组的数据处理设备的零部件	20	H03M-013/00	21	用于检错或纠错的编码、译码或代码转换；编码理论基本假设；编码约束；误差概率估计方法；信道模型；代码的模拟或测试

表1.4.3.12 日本索尼公司核心专利中排名前20位的技术（IPC组）说明

排名	IPC大组	专利数量/件	含义	排名	IPC大组	专利数量/件	含义
1	G06F 15/00	163	通用数字计算机（零部件入G06F-001/00至G06F-013/00组）；通用数据处理设备	3	G06F 12/00	155	在存储器系统或体系结构内的存取、寻址或分配（信息存储本身入G11）
2	G11B 7/00	159	用光学方法，例如用光辐射的热射束记录用低功率光束重现的；为此所用的记录载体（G11B-011/00和G11B-013/00优先）	4	G06F 3/00	155	用于将所要处理的数据转变成为计算机能够处理的形式的输入装置；用于将数据从处理机传送到输出设备的输出装置，例如接口装置

续表

排名	IPC大组	专利数量/件	含义	排名	IPC大组	专利数量/件	含义
5	H04N 5/00	153	电视系统的零部件（扫描部件或其与供电电压产生的组合入H04N-003/00；专门适用于彩色电视的零部件入H04N-009/00；专门适用于内容分发的专用服务器入H04N-021/20；客户端设备明确适合接收内容或者交互式内容入H04N-021/40）	10	G06K 9/00	90	用于阅读或识别印刷或书写字符或者用于识别图形，例如指纹的方法或装置（用于图表阅读或者将诸如力或现状态的机械量的图形转换为电信号的方法或装置入G06K-011/00；语音识别入G10L-015/00）
6	G11B 20/00	117	并非专指记录或重现方法的信号处理；为此所用的电路	11	H04N 7/00	69	电视系统（部件入H04N-003/00和H04N-005/00，专用于彩色电视的系统入H04N-011/00；立体电视系统入H04N-013/00，可选的内容分发入H04N-021/00）
7	G06F 13/00	116	信息或其他信号在存储器、输入/输出设备或者中央处理机之间的互连或传送（专用于输入/输出设备的接口电路入G06F-003/00；多处理机系统入G06F-015/16）	12	H04L 9/00	59	保密或安全通信装置
8	G06F 17/00	116	特别适用于特定功能的数字计算设备或数据处理设备或数据处理方法	13	G06F 21/00	56	防止未授权行为的保护计算机、其部件、程序或数据的安全装置
9	G06F 9/00	98	程序控制装置，例如控制器（用于外部设备的程序控制入G06F-013/10）	14	G06F 1/00	55	不包括在G06F-003/00至G06F-013/00和G06F-021/00各组的数据处理设备的零部件（通用存储程序计算机的结构入G06F-015/76）

排名	IPC大组	专利数量/件	含义	排名	IPC大组	专利数量/件	含义
15	H04L 12/00	54	数据交换网络（存储器、输入/输出设备或中央处理单元之间的信息或其他信号的互连或传送入G06F-013/00）	18	G06F 11/00	34	错误检测；错误校正；监控（在记录载体上作出核对其正确性的方法或装置入G06K-005/00；基于记录载体和传感器之间的相对运动而实现的信息存储中所用的方法或装置入G11B，例如G11B-020/18；静态存储中所用的方法或装置入G11C-029/00）
16	G11B 27/00	44	编辑；索引；寻址；定时或同步；监控；磁带行程的测量	19	H01L 21/00	31	专门适用于制造或处理半导体或固体器件或其部件的方法或设备
17	G06F 7/00	44	通过待处理的数据的指令或内容进行运算的数据处理的方法或装置（逻辑电路入H03K-019/00）	20	H04B 1/00	31	不包含在H04B-003/00至H04B-013/00单个组中的传输系统的部件；不以所使用的传输媒介为特征区分的传输系统的部件

表1.4.3.13　美国高通公司核心专利中排名前20位的技术（IPC组）说明

排名	IPC大组	专利数量/件	含义	排名	IPC大组	专利数量/件	含义
1	H04B-007/00	266	无线电传输系统，即使用辐射场的	2	H04B-001/00	178	不包含在H04B-003/00至H04B-013/00单个组中的传输系统的部件；不以所使用的传输媒介为特征区分的传输系统的部件

排名	IPC大组	专利数量/件	含义	排名	IPC大组	专利数量/件	含义
3	H04L-012/00	166	数据交换网络	12	G06F-017/00	56	特别适用于特定功能的数字计算设备或数据处理设备或数据处理方法
4	G06F-015/00	148	通用数字计算机；通用数据处理设备	13	H04J-011/00	55	正交多路复用系统
5	G06F-009/00	113	程序控制装置，例如控制单元	14	H03M-013/00	53	用于检错或纠错的编码、译码或代码转换；编码理论基本假设；编码约束；误差概率估计方法；信道模型；代码的模拟或测试
6	H04J-003/00	107	时分多路复用系统	15	H04L-001/00	50	检测或防止收到信息中的差错的装置
7	G02B-026/00	92	利用可移动的或可变形的光学元件控制光的强度、颜色、相位、偏振或方向的光学器件或装置，例如开关、选通、调制	16	G06F-012/00	50	在存储器系统或体系结构内的存取、寻址或分配
8	H04L-027/00	77	调制载波系统	17	H04W-072/00	49	本地资源管理，例如无线资源的选择或分配或无线业务量调度
9	G06F-003/00	77	用于将所要处理的数据转变成为计算机能够处理的形式的输入装置；用于将数据从处理机传送到输出设备的输出装置	18	G06F-013/00	48	信息或其他信号在存储器、输入/输出设备或者中央处理机之间的互连或传送
10	H04W-004/00	64	专门适用于无线通信网络的业务或设施	19	G06K-009/00	44	用于阅读或识别印刷或书写字符或者用于识别图形，例如指纹的方法或装
11	G06F-001/00	60	不包括在G06F-003/00至G06F-013/00和G06F-021/00各组的数据处理设备的零部件	20	H04L-009/00	38	保密或安全通信装置

1.4.4 信息存储技术重要专利分析

《国家中长期科学和技术发展规划纲要（2006~2020年）》明确指出，我国要在激烈的国际竞争中掌握主动权，就必须提高自主创新能力，在若干重要领域掌握一批核心技术，拥有一批自主知识产权，造就一批具有国际竞争力的企业。核心技术是在某一技术领域中具有突破性的、关键性的技术，核心技术对提高我国的国际竞争力、推动技术和社会发展发挥着巨大作用。

1.4.4.1 被引用次数较高的专利

一件专利从最初被引用到大范围被引用通常需要3~5年或者更长时间，一般来说70%的专利从未被引用或仅被引用一两次。由于多数专利并不是明显的发明，只有少数专利是根本性发明，因此并不是所有的专利都具有同样的价值。当一件专利被引用（如10次、20次或更多次），那么这项专利很可能包含一种重要的技术发展趋势，很多后来的专利是在其基础上研究出来的，该专利就被视为有较大影响或较高质量的专利。

任何一项技术都是建立在已有技术的基础上的，因此有必要对参考文献（即引文）的情况进行分析。根据文献统计学的理论，一般情况下在先专利多次被在后申请的专利所引用，这就表明该项被引用的在先专利技术在该产业或该领域较为先进或较为基础，由此我们可以认为这些专利与其他专利相比有更好的质量，或是该领域内的关键技术。本书对所检索的各国或地区申请专利的引用情况进行了分析，这些专利被引用都超过30次。

从信息存储领域施引专利的国家和地区分布上看，涉及了包括世界专利在内的11个国家和地区的专利，即美国专利、日本专利、世界专利、欧洲专利、英国专利、韩国专利、德国专利、澳大利亚专利、中国专利、加拿大专利和法国专利。在所有核心专利中，在美国申请的专利占主导地位。被引专利以美国专利最多，占被引专利总量的64%；其次是世界专利，占被引专利总量的12.74%；排名第三的是日本专利，占被引专利总量的12.15%。

1.4.4.2 核心专利在各国分布情况分析

1995~2014年全球信息存储技术国家、地区或组织核心专利公开量的整体情况如图1.4.4.1所示。图1.4.4.1中同族专利分布情况反映了专利在各国（或组织）专利布局的情况，同时也反映出国际上对哪些国家（地区）的市场比较重视。在本书分析的信息存储技术IPC各组专利中，美国、日本、澳大利亚、加拿大、德国、英国、巴西、韩国居前9位，表明全球信息存储技术研究单位对上述国家的存储市场非常重视。在美国申请的核心专利申请最多，约占专利申请总数量的64.15%；其次是世界专利组织（国际专利合作条约）为12.74%，日本为12.15%，澳大利亚为4.15%，加拿大为2.07%；而中国（不包括港澳台地区）仅占0.30%，远远低于美国、日本、澳大利亚等国。这表明：在信息存储技术领域，一方面，中国企业本身知识创新能力还有待提高；另一方面中国市场已经引起了国外企业一定程度的重视。

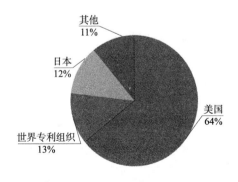

图1.4.4.1 全球信息存储技术国家或组织核心专利全球专利布局

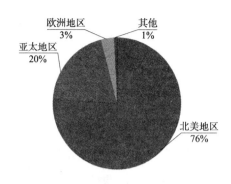

图1.4.4.2 全球信息存储技术核心专利申请地区分布

1995~2014年全球信息存储技术专利公开量的地区分布情况如图1.4.4.2所示。从图1.4.4.2可以看出：在本书分析的信息存储技术六大类专利中，在北美地区（美国、加拿大）申请的核心专利量占总专利公开量的75.89%，远远超过了亚太地区〔包括日本、韩国、澳大利亚、中国（不包括香港、澳门）〕的20.03%和欧洲地区（欧盟、德国、英国、法国、西班牙）的3.23%。

这表明：在信息存储技术领域，北美地区不仅仅成为了全球最活跃的市场，也已成为全球最重要的研发基地。中国是最主要的信息存储技术产品市场，但研发方面与发达国家和地区相比，差距还十分明显。虽然中国市场庞大，但信息存储领域的跨国公司较少将其核心专利拿到中国来申请以获得保护，较少将存储相关的研发中心放在中国。这表明一方面，中国本地生产销售的产品可能技术含量都比较低，技术含量高的核心产品基本受制于人；另一方面也表明跨国公司在中国的信息存储技术的专利布局才刚刚开始。

1.4.4.3 主要竞争公司专利公开量与施引专利统计分析

表1.4.4.1 1995~2014年主要竞争公司专利公开量与施引专利统计分析

公司名	专利公开量/件	施引专利	占总量百分比/%
国际商业机器公司	21606	≥1	58.05
		≥10	24.62
		≥30	8.24
		40以上的	5.29

公司名	专利公开量/件	施引专利	占总量百分比/%
伊姆西公司	4520	≥1	68.02
		≥10	28.83
		≥30	11.26
		40以上的	8.22
希捷公司	5612	≥1	73.90
		≥10	21.88
		≥30	3.71
		40以上的	1.80
日本电气株式会社	12785	≥1	38.01
		≥10	4.36
		≥30	0.67
		40以上的	0.39
日立公司	22035	≥1	44.03
		≥10	10.42
		≥30	3.08
		40以上的	1.88
三星公司	17903	≥1	34.38
		≥10	6.93
		≥30	1.51
		40以上的	0.96

表1.4.4.1中，三家美国公司（IBM、伊姆西公司和希捷公司Seagate）施引专利大于等于1的专利申请数都超过了各自申请总数的58%，而日本的两家公司日本电气株式会社、日立和韩国的三星公司都低于45%。这三家公司施引专利大于等于10、大于等于30及大于等于40的"占总量百分比"都全面超过日本的日本电气株式会社、日立和韩国的三星公司。这表明，在信息存储技术领域，美国公司更注重专利的质量，而日本公司和韩国公司申请的专利在质量上不及美国公司；同时也表明，在信息存储技术领域，美国公司拥有的核心专利比重大。

1.4.4.4 EMC公司和IBM公司对中国市场关注情况分析

1995~2014年，EMC公司通过PCT申请，其相关的同族专利中出现以CN开头的专利号占总族数的28.79%，而IBM公司更高达56.68%。从信息存储领域检索的数据看，2005年以后，EMC公司在核心专利申请方面开始注重中国市场，EMC公司同族专利中出现以CN开头的专利号占总族数增长到37.14%（同期IBM公司同族专利中出现以CN开头的专利号占总族数为57.9%）。表1.4.4.2给出IBM公司专利申请的"指定国家或地区"数量大于1的专利；表1.4.4.3给出EMC公司专利申请的"指定国家或地区"数量大于1的专利。（因为篇幅限制，表1.4.4.2和表1.4.4.3只给出了同族专利的前三个专利号）。

表1.4.4.2　IBM公司专利申请的"指定国家或地区"数量大于1的专利举例

专利号	指定国家（或地区）数量/个	所属方向
US2005165722-A1; WO2005071565-A2; US7418464-B2	141	数据检索与传输
WO2005045846-A1; CN1875427-A; KR2006109465-❶ ...	140	器件
US2005132077-A1; WO2005060580-A2; EP1702273-A2 ...	140	数据传输
WO2005062532-A1; CN1751474-A; EP1698104-A1 ...	140	通信
US2004243760-A1; WO2004107158-A2; US7107397-B2 ...	139	设备
US2004268044-A1; WO2005001693-A2; US7484043-B2	139	系统
WO2005031577-A1; US2005081092-A1; US7185223-B2 ...	139	系统
US2005086236-A1; WO2005041061-A1; TW200519658-A	139	系统
WO2004107338-A1; EP1629479-A1; US2006107182-A1 ...	138	数据纠错
US2004260869-A1; WO2004111852-A2; EP1636690-A2 ...	138	数据管理
WO2005001841-A2; EP1639467-A2; CN1791863-A ...	138	设备
US2005015656-A1; WO2005006215-A2; EP1644851-A2 ...	138	数据纠错
US2005015700-A1; WO2005006173-A2; EP1644819-A2 ...	138	系统
US2005015694-A1; WO2005006198-A2; EP1644834-A2 ...	138	系统
US2005028165-A1; WO2005013119-A2; CN1581074-A ···	138	设备
WO2005025145-A1; EP1665657-A1; CN1846409-A ...	138	数据传输
US2005063361-A1; WO2005029889-A1; EP1668936-A1 ...	138	通信
US2005135249-A1; WO2005060286-A1; EP1702485-A1 ...	138	网络

---

❶ 同族专利号多于三个时，以省略号"..."代替。

专利号	指定国家（或地区）数量/个	所属方向
US2005010767-A1; WO2005006109-A2; AU2003300926-A1 ...	129	软件加密
EP1545057-A2; US2005138054-A1; EP1545057-B1 ...	35	网络
EP1553631-A2; US2005151181-A1; JP2005197749-A ...	35	器件
US2005071560-A1; EP1521420-A2	33	存储虚拟化
WO2006051051-A1; US2006107311-A1	147	系统安全
US2006106986-A1; WO2006055209-A2; CN101040254-A ...	147	数据管理
US2006196929-A1; WO2006092393-A2	147	访问控制
US2006218413-A1; WO2006100205-A2; CN101147152-A ...	147	数据保护
US2006075189-A1; WO2006037719-A2; US7263583-B2 ...	146	系统
WO2006046556-A1; TW200632796-A	146	设备
WO2006061315-A2; US2006129770-A1; EP1828900-A2 ...	146	设备
WO2006070668-A1; EP1850342-A1; KR2007088734-A ...	146	设备
WO2006061316-A2; US2006126653-A1; EP1839148-A2 ...	146	数据传输
WO2006079623-A1; EP1856612-A1; CN101103338-A ...	146	系统
US2006195634-A1; WO2006089913-A1; EP1851626-A1 ...	146	虚拟化
US2006015689-A1; JP2006031710-A; WO2006040689-A1 ...	145	系统
WO2006037809-A1; US2006080733-A1; EP1805963-A1 ...	145	系统
WO2005114946-A1; US2005273596-A1; CN1930850-A ...	144	数据保护
US2006015652-A1; WO2006006084-A2; EP1711899-A2 ...	144	内存调度
US2006174074-A1; WO2006083327-A2; EP1853992-A2 ...	144	系统
US2006090070-A1; WO2006045644-A1; US7143287-B2 ...	143	系统安全
US2006123321-A1; EP1815338-A2	36	系统恢复
EP1622020-A2; JP2006048688-A; US2006036827-A1 ...	35	存储系统
US2006036826-A1; JP2006048690-A; EP1628225-A2 ...	35	存储系统
EP1643508-A2; US2006071272-A1; JP2006108670-A ...	35	设备
EP1607884-A1	33	系统

专利号	指定国家（或地区）数量/个	所属方向
WO2007074680-A1; CN101346699-A; TW200809492-A ...	152	系统
US2007097768-A1; WO2007051764-A1; US7286425-B2	152	器件
WO2007071557-A2; US2007150690-A1	152	设备
US2007156989-A1; WO2007077092-A1; US7552300-B2	152	数据恢复
WO2007118777-A1; US2007256142-A1; EP2011053-A1 ...	152	数据安全
WO2007116995-A1; US2009040648-A1; EP2026184-A1 ...	152	系统
US2007249115-A1; WO2007122083-A1; WO2007122083-B1 ...	152	设备
WO2007115941-A1; EP2013805-A1; CN101405742-A	152	设备
WO2007122063-A1; US2007260839-A1; EP2016499-A1 ...	152	数据迁移
WO2007068602-A2; US2007143753-A1; EP1969473-A2 ...	151	系统
WO2007042482-A2; US2007088937-A1	151	系统
WO2007068519-A2; EP1960945-A2; AU2006326213-A1 ...	151	系统
WO2007063945-A1; EP1962195-A1; JP2007548000-X	151	数据库
US2007127440-A1; WO2007065850-A2; EP1969814-A2 ...	151	网络
WO2007082845-A2; US2007174242-A1; WO2007082845-A3 ...	151	系统
US2007179981-A1; WO2007088081-A1; EP1979806-A1 ...	151	文件系统
WO2007063134-A2; EP1958066-A2; CN101331459-A ...	151	系统
WO2007096230-A2; US2007214313-A1; WO2007096230-A3 ...	151	设备
WO2007068534-A1; US7336527-B1; EP1961013-A1 ...	151	设备
WO2007077115-A2; US2007168980-A1; WO2007077115-A3 ...	151	调试
US2007112963-A1; WO2007057284-A1; EP1952589-A1 ...	151	数据传输
WO2007099012-A1; CN101030175-A; EP1989653-A1 ...	151	设备
US2007154098-A1; WO2007077076-A2; WO2007077076-A3 ...	151	系统

专利号	指定国家（或地区）数量/个	所属方向
WO2007110294-A2; US2007239804-A1; WO2007110294-A3 ...	151	系统
WO2007107457-A1; US2007245097-A1; EP2005305-A1 ...	151	数据压缩
US7245450-B1; US2007171565-A1; WO2007085529-A1 ...	151	系统
US2007176572-A1; WO2007092327-A2; WO2007092327-A3 ...	151	设备
WO2007105624-A1; EP2006853-A2; TW200813992-A ...	151	器件
WO2007107429-A1; EP2013698-A1; CN101405691-A ...	151	设备
US2007078914-A1; WO2007039382-A1; EP1932087-A1 ...	150	文件系统
WO2007042423-A1; US2007089105-A1; EP1949226-A1 ...	150	系统
US2007101213-A1; WO2007048703-A1; EP1949544-A1 ...	150	数据纠错
WO2007009910-A2; US2008168228-A1; CN101223498-A	149	存储管理方法
US2007048730-A1; WO2007025800-A1	149	分子系列相似度算法
US2007047293-A1; WO2007023011-A2; EP1938378-A2 ...	148	器件（DRAM晶体管）
WO2007003509-A1; EP1899816-A1	148	数据管理
WO2007003630-A1; US2007011420-A1; EP1899796-A1 ...	148	数据传输
WO2007015922-A2; US2007038738-A1; EP1907934-A2 ...	148	通信
US2007044007-A1; WO2007020123-A1; EP1915758-A1 ...	148	数据纠错（方法）
WO2006120225-A2; US2006259708-A1; US7490203-B2 ...	147	数据转储（方法）
US2006248278-A1; WO2006117329-A2; US7337262-B2	147	读优化（系统方法）
WO2006120196-A1; US2006259274-A1; US7493234-B2 ...	147	设备管理
US2006253682-A1; WO2006117394-A2; EP1880284-A2 ...	146	内存管理
US2006249724-A1; WO2006121473-A1; EP1878064-A1 ...	146	相变随机存储器
WO2006122932-A1; US2006265546-A1; US7287103-B2 ...	146	写优化（DRAM）

专利号	指定国家（或地区）数量/个	所属方向
US2006294313-A1; WO2006136495-A1; EP1896952-A1 ...	146	数据处理（系统）
US2007006321-A1; WO2007005048-A2; EP1900140-A2 ...	146	访问控制（方法）
US7432834-B1; WO2009004084-A1	159	数据编码（方法）
US2008168193-A1; WO2008084008-A1; TW200839754-A	158	数据存储与传输（方法）
WO2008087158-A1; US2008178281-A1	158	数据处理系统
US7420832-B1; WO2008132200-A1	158	半导体存储器件
US2008205628-A1; WO2008104534-A1	158	系统
WO2008113649-A1; US2008235246-A1	158	数据处理
WO2008110423-A1; US2008229127-A1	158	设备管理（处理器状态）
WO2008116771-A1; US2008243979-A1; CA2669896-A1 ...	158	数据管理（过滤）
WO2008113659-A1; US2008231927-A1; KR2009088398-A ...	158	全息数据存储
WO2008116751-A1; US2008243860-A1	158	空间回收管理（方法）
WO2008122660-A1; US2008256302-A1	158	缓存管理-预取
WO2008132197-A1; US2008273696-A1	158	数据加密存储
WO2008138653-A1	158	数据安全
WO2008141948-A1; US2008293378-A1	158	移动设备系统
WO2008141904-A1; US2008294857-A1	158	设备管理
WO2008141900-A1	158	虚拟存储管理设备
WO2008142137-A1; US2008294872-A1	158	资源分配
WO2008148704-A1; US2008307187-A1	158	内存分配方法
WO2008112746-A2; US2008225590-A1; WO2008112746-A3	157	设备

专利号	指定国家（或地区）数量/个	所属方向
WO2008017625-A2	155	存储系统
US2008046676-A1; WO2008020022-A1	155	数据同步更新方法
US2008049348-A1; WO2008025675-A1; US7535668-B2	155	磁设备
WO2008017624-A1	155	存储系统
WO2008015198-A1; US2008034003-A1	155	文件管理系统
US2008063209-A1; WO2008028766-A1	155	数据加密和访问
US2008082835-A1; WO2008037741-A1; TW200828073-A ...	155	卷加密管理方法
US2008098326-A1; WO2008050693-A1	155	文档编辑软件程序
WO2008046670-A1	155	数据管理
US2008141064-A1; WO2008071566-A1	155	数据通信传输方法
US2008155043-A1; WO2008078593-A1	155	设备
US2008148234-A1; WO2008074663-A1	155	软件配置管理
US2008144471-A1; WO2008074603-A1	155	数据管理
US2008165576-A1; WO2008082443-A1; US7539051-B2 ...	155	软件管理方法
WO2008078689-A1; KR2009089324-A	155	信息处理系统
US2008168303-A1; WO2008080850-A1	155	数据存储管理
US2008168234-A1; WO2008083901-A1	155	写请求管理
WO2007149701-A2; US2007299804-A1; WO2007149701-A3 ...	154	资源管理
WO2008003617-A1; EP2038746-A1; TW200823760-A ...	154	数据处理
US2008061138-A1; WO2008028810-A1; KR2009049602-A ...	154	身份验证方法
US2008065882-A1; WO2008028864-A1; EP2059888-A1 ...	154	存储驱动配置
US2008065898-A1; WO2008028824-A1; EP2059886-A1	154	数据加密
US2008065903-A1; WO2008028804-A2; WO2008028804-A3 ...	154	数据加密存储

专利号	指定国家（或地区）数量/个	所属方向
US2008104551-A1; WO2008052885-A1; EP2078304-A1 ...	154	集成芯片编程结构
WO2008059406-A1; US2008137722-A1; KR2009086213-A ...	154	数据信道
WO2008078207-A2; US2008168307-A1; WO2008078207-A3 ...	154	数据恢复与持久化
US2008155198-A1; WO2008074830-A2; WO2008074830-A3 ...	154	缓存管理
WO2007141252-A1; US2007288736-A1; US7487340-B2 ...	153	分支预测信息存储方法
WO2007141234-A1; US2007288725-A1; EP2035919-A1 ...	153	处理器
US2007260825-A1; WO2007128652-A1; EP2024808-A1 ...	152	地址格式处理方法
WO2008000530-A2; WO2008000530-A1; US2008005163-A1 ...	152	广播信息存储管理
US2009177847-A1; WO2009087167-A1	160	溢出事务处理系统
WO2009087232-A2; US2009182979-A1	160	客户机拓扑管理
WO2009087161-A1; US2009182985-A1	160	指令级优化
WO2009087226-A1; US2009182975-A1	160	动态地址转换
US2009207515-A1; WO2009103675-A1	160	数据纠错
WO2009101055-A1; US2009210768-A1	160	异常处理
US2009216992-A1; WO2009106457-A1	160	异常处理
WO2009115386-A1; US2009237832-A1	160	数据传输
US2009248917-A1; WO2009121797-A1	160	I/O调度
WO2009019128-A1; US2009043978-A1	159	文件系统快照管理
WO2009027138-A1; US2009063489-A1	159	数据访问方法
WO2009024458-A1; US2009055582-A1	159	逻辑卷分割方法

专利号	指定国家（或地区）数量/个	所属方向
WO2009040313-A1; US2009089453-A1	159	数据编码解码
WO2009047118-A1; US2009097603-A1	159	时序控制逻辑系统
WO2009055174-A1; US2009109823-A1	159	连续数据保护方法
WO2009056549-A1; US2009119361-A1	159	缓存管理方法
WO2009056521-A1; US2009116140-A1	159	存储介质组件调节
WO2009065682-A1	159	虚拟文件系统管理
WO2009068597-A1; US2009144349-A1	159	内存管理方法
WO2009071575-A1; US2009150627-A1	159	主辅存储管理
WO2009074672-A1; US2009152216-A1	159	设备
US2009160621-A1; WO2009080377-A1	159	数据管理方法
WO2009083427-A1; US2009177679-A1	159	数据管理系统及装置
WO2009087166-A2; US2009182992-A1; WO2009087166-A3	159	计算机系统
WO2009087158-A2; US2009182983-A1; WO2009087158-A3	159	系统操作方法
WO2009000857-A1; US2009006772-A1	158	内存管理
US2009018998-A1; WO2009007281-A1	158	缓存管理方法
US2009115647-A1; WO2009060332-A2; WO2009060332-A3	158	数据编码
WO2009061527-A1; US2009123057-A1	158	数据管理方法
US2009019047-A1; WO2009007250-A2; WO2009007250-A3 ...	157	文件系统

表1.4.4.3 伊姆西公司专利申请的"指定国家或地区"数量大于1的专利举例

专利号	指定国家（或地区）数量/个	所属方向
WO2005077070-A2; US2005192965-A1; US2006069801-A1; WO2005077070-A3	140	软件
WO2005048019-A2	139	数据监控、传输
US2005132248-A1; WO2005057337-A2; GB2423173-A; DE112004002315-T5; CN1886743-A; JP2007513424-W; US7228456-B2; GB2423173-B; GB2436746-A; GB2436746-B	139	数据恢复
US2005069096-A1; WO2005048019-A2; EP1661380-A2; US7095829-B2; KR2006095946-A; JP2007504563-W; CN1902902-A	138	数据重定向
EP1569085-A2; US2005193084-A1; JP2005276192-A; CN1664790-A; IN200500120-I2	36	器件
EP1507207-A1	2	—
WO2006052938-A2; US2006112299-A1; EP1825370-A2; CN101103331-A; JP2008519361-W	146	数据管理
US2006101196-A1; WO2006052939-A2; EP1825376-A2; JP2008519362-W; CN101142561-A; US7444464-B2	146	数据访问
US2006155943-A1; WO2006076481-A1; WO2006076482-A1; EP1836621-A1; EP1836622-A1; IN200702619-P2; IN200702616-P2; CN101103355-A; CN101176093-A; JP2008527570-W; JP2008527571-W	146	数据删除
US2006149793-A1; WO2006073803-A2; EP1839202-A2; WO2006073803-A3; CN101133413-A; JP2008527494-W	146	备份
WO2006107501-A1; US2006230082-A1; EP1864217-A1	146	远程监测
US2006224823-A1; WO2006107500-A2; US7277986-B2; EP1869556-A2; IN200703410-P2; CN101151598-A; JP2008535088-W	146	器件
WO2006026577-A2; US2006064689-A1; US7210053-B2	145	数据监测
US2006085668-A1; WO2006044702-A1; EP1825365-A1	145	数据迁移
US2006085530-A1; WO2006044606-A2; EP1817672-A2	145	监控系统
WO2006039492-A2; US2006085481-A1; EP1805649-A2; CN101031908-A; JP2008515111-W	145	文件索引

专利号	指定国家（或地区）数量/个	所属方向
US2006074964-A1; WO2006039502-A2; EP1805650-A2; CN101031907-A; JP2008515114-W	145	索引处理
US2006085785-A1; WO2006044701-A1; EP1810141-A1; KR2007062607-A; CN101040262-A; JP2008517382-W	145	监视、管理
WO2006012449-A2; US2006026218-A1; EP1782210-A2; CN101027649-A; JP2008507773-W	144	跟踪备份
US2006020762-A1; WO2006012583-A2; EP1782214-A2; CN101061467-A; JP2008507777-W	144	远程存储
WO2006026677-A2; US2006080416-A1; WO2006026677-A3; US7516214-B2	144	存储管理
EP1684178-A2; DE60224598-E; DE60224598-T2	2	通信
US2007276789-A1; WO2007139757-A2; WO2007139757-A3	153	软件
WO2007076385-A1; US2007263637-A1	152	数据安全
US2007156957-A1; WO2007079451-A2; US7574560-B2	152	数据映射
WO2007081437-A1; US2007174517-A1; US7574540-B2	152	管理控制
US2007233709-A1; WO2007123706-A2; WO2007123706-A3; EP1999657-A2; US7512578-B2	152	软件
WO2007114844-A1; US2007237158-A1	152	通信
US2007233972-A1; WO2007126791-A2; WO2007126791-A3; EP2016512-A2; CN101438287-A; JP2009533723-W; IN200803920-P2	152	数据迁移
WO2007109685-A2; US2008013365-A1; WO2007109685-A3; EP1997009-A2; CN101473309-A; JP2009530756-W	152	可传递存档器
US2007220227-A1; WO2007108840-A1; US7421552-B2	152	存储系统
WO2007035652-A2	151	备份，去重
WO2007050497-A1; EP1941348-A1	151	软件

续表

专利号	指定国家（或地区）数量/个	所属方向
WO2007040934-A2; US2007088795-A1	151	存储网络
WO2007081575-A2; US2007168403-A1; US2007174576-A1; WO2007081575-A3; EP1969472-A2; CN101331458-A; JP2009522655-W; IN200801487-P2	151	连续备份
WO2007081581-A2; US2007174662-A1; WO2007081581-A3; CN101147118-A; EP1969454-A2; US7529972-B2; JP2009522656-W	151	软件
WO2007076382-A2; US2007208836-A1; WO2007076382-A3	151	设备
WO2007076386-A2; US2007283186-A1; WO2007076386-A3; US7500134-B2	151	设备
US2007240233-A1; WO2007126564-A1; WO2007126564-B1	151	软件识别
WO2007092160-A2; WO2007092160-A3; EP1979817-A2	151	软件
WO2007035653-A2; US2007073831-A1; WO2007035653-A3	150	数据访问
US2007061327-A1; WO2007035580-A2; WO2007035580-A3	150	缓存访问
WO2007022432-A2; US2007056046-A1; US2007056047-A1; WO2007022432-A3; EP1915672-A2	150	存储分析
WO2007022392-A2; WO2007022392-A3; US2008016564-A1; EP1915719-A2; CN101243400-A; JP2009505295-W	149	信息保护
US2006242431-A1; WO2007002438-A1; EP1897023-A1; IN200704742-P2; CN101208705-A; JP2008544410-W	148	数据加密
WO2007002795-A2; US2007006018-A1; US2007006017-A1; US2007005914-A1; US2007005915-A1; EP1915682-A2; CN101253484-A; JP2008545198-W; US7523278-B2; US7549028-B2	148	客户端快照
WO2007005543-A2; US2007025536-A1; EP1897352-A2; CN101213822-A; JP2008545345-W	148	重定向、镜像
WO2007005542-A1; US2007025539-A1; EP1897349-A1; CN101213821-A; JP2008545344-W	148	通信重定向

专利号	指定国家（或地区）数量/个	所属方向
US2007043790-A1; WO2007021997-A2; WO2007021997-A3; EP1915710-A2; CN101258491-A; JP2009505289-W	148	快照索引
US2007043715-A1; WO2007021842-A2; EP1915708-A2; JP2009507278-W; WO2007021842-A3	148	备份
US2007043705-A1; WO2007021678-A2; WO2007021678-A3; EP1915707-A2; CN101243447-A; JP2009505283-W	148	备份
WO2007001728-A1; US2008126631-A1	147	系统
WO2007001716-A1; US2007069584-A1	147	系统
WO2007005078-A1	147	设备
US2006235893-A1; WO2006113490-A2; IN200603788-P2; EP1869593-A2; JP2008537233-W	146	方法
US2006235847-A1; WO2007027208-A2; WO2007027208-A3; EP1869594-A2; CN101208665-A; JP2008537229-W	146	数据遍历
WO2007001727-A1; US2007073967-A1; EP1896922-A1; CN101203823-A; JP2008544401-W; IN200704995-P2	146	系统
US2006294164-A1; WO2007001596-A1; IN200701554-P2; EP1894127-A1; CN101137981-A; JP2008544397-W	146	设备
US2007233971-A1; EP2104045-A2	2	方法
WO2008121573-A1	158	数据缓存
WO2008118309-A1; US2009070541-A1	158	数据迁移
WO2008121572-A1	158	网络存储
WO2008121574-A2; WO2008121574-A3	157	可靠性
WO2008002766-A2; US2008005507-A1; US7484056-B2	155	数据迁移
US2008065718-A1; WO2008033289-A2; WO2008033289-A3	155	预取
WO2008002802-A2; US2008005198-A1; WO2008002802-A3	154	数据恢复

续表

专利号	指定国家（或地区）数量/个	所属方向
WO2008002406-A1; US2008010290-A1; EP2035971-A1; CN101443765-A; IN200803616-P2	154	数据传输
US2008080146-A1; WO2008039636-A1; WO2008039636-B1; US7515427-B2	154	设备
WO2008033482-A2; US2008071763-A1; US2008072180-A1; WO2008033482-A3	154	方法
US2008071884-A1; WO2008033483-A2; WO2008033483-A3	154	软件
US2008071726-A1; WO2008036621-A2; WO2008036621-A3	154	系统
WO2008051372-A2; WO2008051372-A3	154	—
US2008159146-A1; WO2008082564-A2; WO2008082564-A3	154	软件
US2008082856-A1; WO2008039236-A1	153	缓存回写
US2008082740-A1; WO2008039235-A1; US7571279-B2	153	系统
US2007294320-A1; WO2007146519-A2; WO2007146519-A3; EP2044535-A2; CN101449269-A	152	数据恢复
WO2009054934-A1; US2009112789-A1; US2009112811-A1; US2009112879-A1; US2009112880-A1; US2009112921-A1	159	数据访问
US2009063528-A1; WO2009033074-A2; WO2009033074-A3	158	数据去重

　　总的看来，IBM和伊姆西公司非常重视全球市场，例如，IBM公司分别在美国专利局、世界知识产权组织、欧洲专利局、澳大利亚专利局、中国专利局、巴西专利局、加拿大专利局，申请专利"Systems and methods for searching of storage data with reduced bandwidth requirements"（US2006059207-A1、WO2006032049-A1、EP1805664-A1、AU2005284737-A1、CN101084499-A、BR200515335-A、EP1962209-A2、

EP1962209-A3、CN101084499-B、AU2005284737-B2、CA2581065-C、US8725705-B2）❶，该专利指定国家（地区）/区域如下。

WO2006032049-A1——国家（地区）: AE; AG; AL; AM; AT; AU; AZ; BA; BB; BG; BR; BW; BY; BZ; CA; CH; CN; CO; CR; CU; CZ; DE; DK; DM; DZ; EC; EE; EG; ES; FI; GB; GD; GE; GH; GM; HR; HU; ID; IL; IN; IS; JP; KE; KG; KM; KP; KR; KZ; LC; LK; LR; LS; LT; LU; LV; LY; MA; MD; MG; MK; MN; MW; MX; MZ; NA; NG; NI; NO; NZ; OM; PG; PH; PL; PT; RO; RU; SC; SD; SE; SG; SK; SL; SM; SY; TJ; TM; TN; TR; TT; TZ; UA; UG; US; UZ; VC; VN; YU; ZA; ZM; ZW; 区域性合作: AT; BE; BG; BW; CH; CY; CZ; DE; DK; EA; EE; ES; FI; FR; GB; GH; GM; GR; HU; IE; IS; IT; KE; LS; LT; LU; LV; MC; MW; MZ; NA; NL; OA; PL; PT; RO; SD; SE; SI; SK; SL; SZ; TR; TZ; UG; ZM; ZW。

EP1805664-A1——区域性合作: AT; BE; BG; CH; CY; CZ; DE; DK; EE; ES; FI; FR; GB; GR; HU; IE; IS; IT; LI; LT; LU; LV; MC; NL; PL; PT; RO; SE; SI; SK; TR。

EP1962209-A2——区域性合作: AT; BE; BG; CH; CY; CZ; DE; DK; EE; ES; FI; FR; GB; GR; HU; IE; IS; IT; LI; LT; LU; LV; MC; NL; PL; PT; RO; SE; SI; SK; TR。

EP1962209-A3——区域性合作: AT; BE; BG; CH; CY; CZ; DE; DK; EE; ES; FI; FR; GB; GR; HU; IE; IS; IT; LI; LT; LU; LV; MC; NL; PL; PT; RO; SE; SI; SK; TR。

该专利的指定国家（地区）/区域是147个。

又如，IBM公司针对专利 "Consistent updates across storage subsystems coupled to a plurality of primary and secondary units at selected times" 分

---

❶ 不同国家授予的同一项技术发明的不同的专利号，DII将其合并在一个记录页中，聚成同族专利；专利文献类型及识别代码的含义请参考附录3。

别在美国专利局、世界专利组织、欧洲专利局、日本专利局、中国专利局进行了申请（US2007239950-A1、WO2007113101-A1、EP2005301-A1、CN101401073-A、US7571268-B2、JP2009532789-W、JP4573310-B2、CN101401073-B、EP2005301-B1），该专利指定国家（地区）/区域如下。

WO2007113101-A1——国家（地区）：AE; AG; AL; AM; AT; AU; AZ; BA; BB; BG; BH; BR; BW; BY; BZ; CA; CH; CN; CO; CR; CU; CZ; DE; DK; DM; DZ; EC; EE; EG; ES; FI; GB; GD; GE; GH; GM; GT; HN; HR; HU; ID; IL; IN; IS; JP; KE; KG; KM; KN; KP; KR; KZ; LA; LC; LK; LR; LS; LT; LU; LY; MA; MD; MG; MK; MN; MW; MX; MY; MZ; NA; NG; NI; NO; NZ; OM; PG; PH; PL; PT; RO; RS; RU; SC; SD; SE; SG; SK; SL; SM; SV; SY; TJ; TM; TN; TR; TT; TZ; UA; UG; US; UZ; VC; VN; ZA; ZM; ZW；区域性合作: AT; BE; BG; BW; CH; CY; CZ; DE; DK; EA; EE; ES; FI; FR; GB; GH; GM; GR; HU; IE; IS; IT; KE; LS; LT; LU; LV; MC; MT; MW; MZ; NA; NL; OA; PL; PT; RO; SD; SE; SI; SK; SL; SZ; TR; TZ; UG; ZM; ZW。

EP2005301-A1——区域性合作: AT; BE; BG; CH; CY; CZ; DE; DK; EE; ES; FI; FR; GB; GR; HU; IE; IS; IT; LI; LT; LU; LV; MC; MT; NL; PL; PT; RO; SE; SI; SK; TR。

EP2005301-B1——区域性合作:AT; BE; BG; CH; CY; CZ; DE; DK; EE; ES; FI; FR; GB; GR; HU; IE; IS; IT; LI; LT; LU; LV; MC; MT; NL; PL; PT; RO; SE; SI; SK; TR。

该专利的指定国家（地区）/区域是152个。

《专利合作条约》（Patent Cooperation Treaty，PCT）是有关专利的国际条约，根据PCT的规定，专利申请人可以通过PCT途径递交国际专利申请，向多个国家申请专利。由于PCT不是专利权，只是一个合作申请组织，该组织为申请人通过一次申请而有可能获得在PCT成员国下都承认的申请日，简化申请节约费用，这是因为但PCT不授予专利权，"指定国家（地区）/区域"就是申请人计划进入的国家（地区）/区域，进入这些国家（地区）/区域以后如果该国家（地区）/区域授权专利，申请人才真正在该国家（地区）/区域具有专利保护权。例如指定了中国，那么最迟30个月进入审查，或者缴纳恢复费32个月进入审查，如果符合中国专利法的授权条件最终获得中国专利局授权，那么才享有在中国的专利权。上述两项专利都是通过PCT提交申请的，这足以说明IBM公司对上述专利的市场重视程度。

上述两项专利的指定国家（地区）/区域都包含中国，而且都获得了中国专利局的授权专利。

下面具体分析一下上面提到的两个专利（WO2006032049-A1、WO2007113101-A1）。

图1.4.4.3是IBM公司申请的专利WO2006032049-A1的第一张附图（first page drawing），专利WO2006032049-A1的标题为"Systems and methods for searching of storage data with reduced bandwidth requirements"，即"降低带宽需求下存储数据搜索系统和方法"，该专利提出一个方法：用一个定义的相似度量在一个库中搜索与输入相似的数据的位置，在一个与库大小无关和输入大小线性相关的时间内，所用空间与库大小的一部分成比例。此外还利用极大的减少的系统带宽来实现远程差分操作。专利的关键点在数据搜索在一个与库大小无关和输入大小线性相关的时间内，与库大小的一部分成比例空间内完成。该专利技术有利于备份和恢复系统的数据备份和恢复。

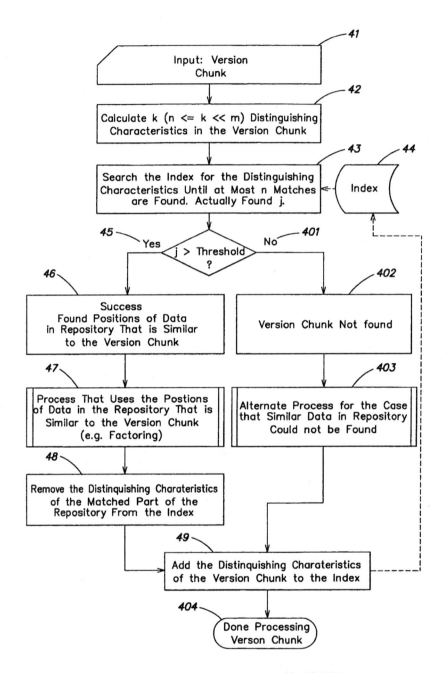

图1.4.4.3 专利WO2006032049-A1第一张附图

　　图1.4.4.4是IBM公司申请的专利WO2007113101-A1的第一张附图，专利WO2007113101-A1的标题为"Consistent updates across storage subsystems coupled to a plurality of primary and secondary units at selected times"，即"在选定的时间，在几个一级和二级单元相关的存储子系统上一致性更新"，该专利提出了一种方法，"一级控制单元发送一个选定的时间给二级控制单元。一级控制单元和二级控制单元在时间服务器的帮助下会周期性地同步。一级控制单元和二级控制单元在选定的时间一致性的更新二级控制单元耦合的二级存储子系统"。优点是在存储系统中进行一致性更新。该专利的关键点是提出了一致性更新的方法，在选定的时刻，对二级控制单元相关的存储子系统进行一致性更新。该专利技术有利于系统的一致性更新。

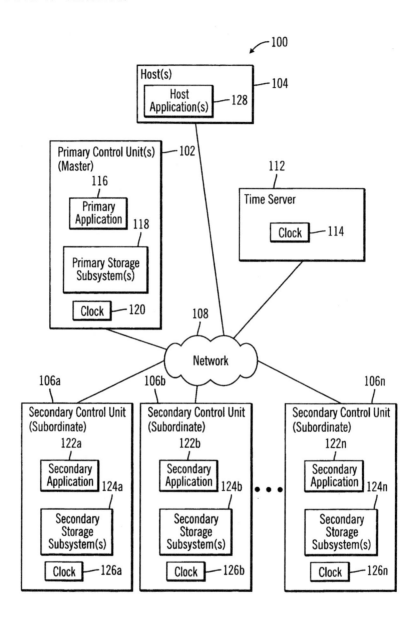

图1.4.4.4　专利WO2007113101-A1第一张附图

第2章 信息存储技术中国专利数据分析

本章分析相关的国内外企业、研究机构等申请中国专利的情况，着重分析信息存储技术的中国专利申请的"量"与"质"，揭示国内外研发机构对中国信息存储市场的态度。

2.1 检索说明

DII数据库在收录中国专利过程中聘请了各个行业的技术专家进行重新编写专利信息，如给出描述性的标题和摘要、新颖性、技术关键以及优点等以方便检索。我们在检索中发现，德温特世界专利创新索引数据库对华为（在DII数据库中专利总数为48204件❶）、中兴（在DII数据库中专利总数为39973件❷）、联想（在DII数据库中专利总数为8440件❸）等世界知名的中国公司的专利的收录是比较完整的，且便于检索，像浪潮（在DII数据库中专利总数为3964件❹）、曙光（在DII数据库中专利总数为1040件❺）等国内知名的中国公司检索也比较方便。但是像杭州海康威

---

❶ AC=HUAW-C（检索式含专利权人代码 索引=CDerwent, EDerwent, MDerwent 时间跨度=1995-2014）。

❷ AC=ZTEC-C（检索式含专利权人代码 索引=CDerwent, EDerwent, MDerwent 时间跨度=1995-2014）。

❸ AC=LENV-C（检索式含专利权人代码 索引=CDerwent, EDerwent, MDerwent 时间跨度=1995-2014）。

❹ AN=Inspur* or AN=Langchao*（检索式含专利权人名称 索引=CDerwent, EDerwent, MDerwent 时间跨度=1995-2014）。

❺ AN=(DAWNING*INFORMATION) or AN=(SHUGUANG*INFORMATION)（检索式含专利权人名称 索引=CDerwent, EDerwent, MDerwent 时间跨度=1995-2014）。

视数字技术有限公司（在DII数据库中专利总数为4件❶）、深圳市迪菲特科技股份有限公司等，DII数据库则容易造成漏检❷；而且，检索中发现仍然存在专利摘要概括不当、拼写错误（如专利权人、发明人姓名的拼写错误、优先权错误、分类代码缺失）等所造成的漏检。例如，在国家知识产权局"中国专利数据库"中，我们检索到杭州海康威视数字技术有限公司专利是289件，其子公司北京邦诺存储科技有限公司是13件，深圳市迪菲特科技股份有限公司是13件。

在比较了多个国内外数据库检索结果后发现，从揭示国内外研发机构对中国信息存储市场的策略方面考虑，国家知识产权局"中国专利数据库"中的数据更为准确。因此，信息存储技术中国专利数据是从国家知识产权局"中国专利数据库"中获得的，此部分数据主要是采集年限内的已公开的专利申请，且本书只统计公开的有效专利数（包括授权的有效专利，已申请公开的专利），对于已被受理但由于各种原因尚未在此时间段内公开的专利申请不在此部分统计分析之列。本书所统计的专利皆为发明专利。

2.1.1　数据来源

本章的数据来源：中国国家知识产权局专利检索与服务系统（http://www.sipo.gov.cn/zljsfl）中的中国发明专利数据[5]。

数据采集时间跨度：1995~2014年（专利申请的公开时间）。

数据采集时间：2015年1月15日至2015年6月30日。

---

❶　AN=Hikvision* or AN=Hik-vision*（检索式含专利权人名称 索引=CDerwent, EDerwent, MDerwent 时间跨度=1995-2014）。

❷　这种现象在ProQuest Dialog公司推出的Innography数据库也存在，如多种英文翻译：有的是汉语拼音，有的是该公司的英文，有的是简称，有的是全称等。

2.1.2 研究对象

为了能从数据的角度对世界各国在中国申请专利的"量"与"质"有具体的了解，本次研究对中国科研院所、高校和企业、中国台湾、外国公司和研究机构等在中国申请信息存储相关专利的数量、年增长率、专利合作、技术分布、专利引证等不同侧面进行阐释，对信息存储技术的中国专利情况进行了定量化的分析。

2.1.3 检索策略

对信息存储相关技术中国专利公开量总体趋势和按IPC组态势分析，采用分类号取G02、G03、G05、G06、G08、G11、F16、H01、H03、H04、H05；用"磁盘""硬盘""内存""磁带""光盘""闪存""文件系统"等关键词，在中国专利库中对标题、关键词或摘要三个检索域进行了区分检索专利文献。另外，在信息存储技术，对当前热点技术和方向，本章主要关注中国的高校、科研院所、企业和国外企业在中国申请的中国专利情况，关键词选择与在DII库中检索时用的英文关键词类似，如"相变存储""自旋转移矩随机存储""磁性随机存储""铁电随机存储""量子存储""忆阻器""存储级内存""磁盘阵列""文件系统""对象存储""I/O虚拟化""容错""数据容灾""数据备份""数据归档""数据镜像""数据迁移""数据复制""数据快照""持续数据保护""存储管理""文件管理""数据管理""缓存""预取""存储预警""固态盘""存储安全""存储系统""存储设备""存储节点""数据去重""数据压缩""存储能效""数据中心""云存储""存储虚拟化""软件定义存储""数据持有""数据审计""数据篡改""数据完整性""数据自毁""可信删除""安全删除""数据私密""数据共享"等。对知名的从事存储相关的IT公司，"申请（专利权）人"包含完整的公司名及相关子公司名。

2.2 信息存储技术中国专利数量

专利文献的数量是专利信息的重要内容之一，它是科学技术知识积累的反映，它的多寡反映了发明创造活动的活跃程度，所以其数量的增长可以直接或间接地反映出科学技术以及相关事物的现状与前景，本章统计了1995~2014年信息存储技术在中国的专利公开量情况。

在信息存储领域，相关中国公司中，专利申请数量和质量占先的是华为公司；联想公司通过收购IBM全球PC业务、收购IBM X86服务器业务、收购谷歌公司的摩托罗拉移动，在信息存储领域的专利得到加强。

2.2.1 信息存储领域历年中国专利公开量趋势分析

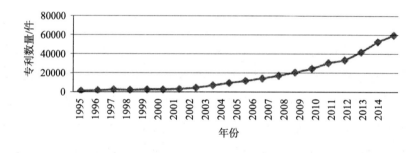

图2.2.1.1 1995~2014年信息存储技术在中国的专利公开量的变化趋势

如图2.2.1.1所示，从中国专利公开量发展趋势来看，2000年之前，信息存储技术的中国专利公开量很小，1995~2000年平均增长率为17.19%；2005年突破1万件，2000~2005年平均增长率为33.06%；2005~2010年平均增长率为20.76%；1995~2014年平均增长率为23.78%；2013年，专利公开量突破5万件。可见信息存储领域中国专利公开量总体保持快速稳定增长。

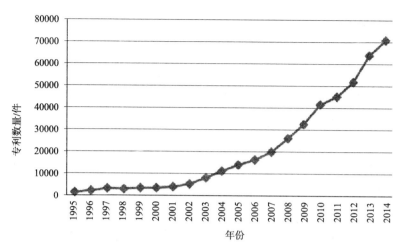

图2.2.1.2　1995~2014年中国信息存储技术专利发明人数量

图2.2.1.2表明，2001年以后专注信息存储技术的研究人员显著增加。图2.2.1.2与图2.2.1.1趋势相同，这一趋势表明，近20年的发展历程中，最初5年发展相当缓慢，该领域不受重视，参与研发的企业和科研院所少。直至21世纪初期，国内单位开始注重中国信息存储市场，加大了在信息存储领域中国专利申请。

从信息存储技术中国专利数量年度趋势看，表明国内外发明申请人对中国信息存储市场的高度重视；中国信息存储市场的形势会越来越好，而且越来越受重视，这是不可改变的市场趋势。

2.2.2　按IPC组态势分析

由图2.2.2.1（a）、（b）所示❶，信息存储技术分布较为集中，前3位技术领域的专利总和占据总量的71%份额。排名前五位的技术领域分别为G06F（电数字数据处理），G11（信息存储），H04（电通信技术分类）中的H04L（数字信息的传输，例如电报通信），H01L（半导体设备；其

---

❶　图2.2.2-1中F、G及H部分IPC小类的含义请参考表1.4.1.1。

他类目未包括的电固态设备），H04Q（选择）。

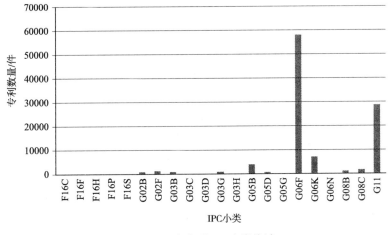

（a）F、G部分IPC小类统计

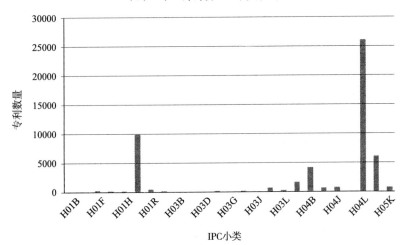

（b）H部分IPC小类统计

图2.2.2.1 技术领域（大组）分布图

由图2.2.2.2（a）、（b）可看出，虽然2009年至2014年，G06F（电数字数据处理）、G11（信息存储）、H04（电通信技术分类）中的H04L（数字信息的传输，例如电报通信）所占比例有所变化，但专利公开量仍是排名前三。

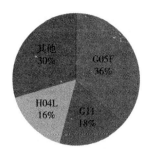

（a）1995~2014年专利公开量靠前的IPC小类

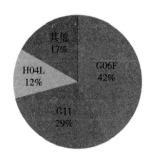

（b）1990~2009年专利公开量靠前的IPC小类

图2.2.2.2　专利公开量较多的技术领域（IPC小类）情况

2.3　有关存储系统的中国专利情况分析

2.3.1　与存储系统密切相关研究方向的中国专利申请情况

表2.3.1.1显示，1995年1月1日以来公布的与存储系统密切相关的几个研究方向中，保障数据安全一直是广受重视的一项技术，与存储安全相关的专利有36437件也彰显了其受重视程度。存储容错方向的中国专利有20880件，与存储系统性能调优相关的Buffer/Cache/Prefetching中国专利有20298件，存储虚拟化方面的中国专利有16754件，非易失性存储器中的与闪存存储器相关的中国专利有11919件，说明在中国大陆，这四个技术方向的研发非常受重视。应用广泛的传统磁盘阵列中国专利数达2047件，代

表发展方向的纯闪存阵列中国专利数为65件。在非易失性存储方面，与相变存储器相关的中国专利数较多（2525件），说明参与研究人员较多且看好相变存储器发展方向。与文件系统相关的中国专利有5707件。对于新型存储架构，对象存储方向有2654件中国专利。量子存储方向有1590件专利申请。

表2.3.1.1 信息存储技术中与存储系统密切相关的中国专利统计表

技术方向			专利数量/件
非易失性存储		闪存存储	11919
		相变存储	2525
		固态盘	790
		磁性随机存储	869
		铁电随机存储	976
		量子存储	1590
		阻变存储器	316
		自旋转移矩随机存储	80
磁盘阵列		传统基于硬盘的磁盘阵列	2047
		纯闪存阵列	65
数据去重			1715
云存储			1092
Buffer/Cache/Prefetching			20298
存储容错			20880
文件系统			5707
存储虚拟化			16754
对象存储			2654
存储安全			36437

2.3.2 企业申请的中国专利情况

如果一个研究机构比另一个研究机构拥有更多的专利，可以从一个侧面说明该机构在研发方面更具有创造力和活跃性。

1995~2014年，中国IT企业在信息存储技术申请的发明专利。表2.3.2.1给出了中国企业在信息存储技术申请专利情况，其中华为公司和中兴公司分别以6446件和3374件分别排在第一位和第二位，腾讯公司以2039件排第三位。近年来华为公司申请的专利许多是围绕固态盘展开。同时，我们也注意到，在信息存储领域，中国许多中小企业没有或者只申请一两件专利。表2.3.2.2给出了相关外国公司申请中国专利的情况，其中美国微软公司以5261件排名第一，韩国三星公司和美国国际商业机器公司分别以5254件和4859件排名第二和第三位。令人惊奇的是，存储巨头伊姆西公司（EMC）在中国仅申请了142件专利，但也涉及存储系统的方方面面，如存储管理、数据容错、存储安全、存储虚拟化、备份归档、数据去重等（如表2.3.2.3所示），这说明伊姆西公司的核心技术研究没放在中国，同时也说明伊姆西公司不看好中国专利对保护其产品竞争力的价值。

表2.3.2.1 部分中国IT企业申请的中国专利情况

中国企业	专利总数/件	信息存储领域专利数/件
联想公司	7194❶	1192
北京奇虎科技有限公司	2362	420
北京同有飞骥科技股份有限公司	14	14
中科海量存储技术(北京)有限公司	1	1
北京威视数据系统有限公司	5	5
北京赛思信安技术有限公司	3	2
深圳易拓科技有限公司	156	156
深圳市中博科创信息技术有限公司	14	8
深圳忆数存储技术有限公司	1	1
深圳市爱思拓信息存储技术有限公司	2	2

❶ 其中包含联想（北京）有限公司（4770件）、联想控股有限公司（1件）、联想集团公司（1件）、神州数码网络（北京）有限公司（95件）。

续表

中国企业	专利总数/件	信息存储领域专利数/件
深圳宝德科技集团股份有限公司	9	3
深圳市迪菲特科技股份有限公司	13	13
深圳佰维存储科技有限公司	4	4
深圳市安信达存储技术有限公司	2	2
置富存储科技(深圳)有限公司	6	6
华为公司	46578❶	6446
英业达股份有限公司	6174	877
中兴公司	39123❷	3374
浪潮公司	3964❸	1063
华三通信技术有限公司	3761	1026
普天信息技术研究院有限公司	708	58
忆正存储技术	16	16
武汉海恒信息存储有限责任公司	2	2
上海爱数软件有限公司	62	32
南京云创存储科技有限公司	15	15
无锡紫光存储系统有限公司	1	1
紫光股份有限公司	32	6
无锡众志和达存储技术有限公司	10	10
苏州互盟信息存储技术有限公司	40	40
杭州宏杉科技有限公司	13	11

❶ 其中包含华为技术有限公司（42622件）、华为终端有限公司（2624件）、华为海洋网络有限公司（17件）、成都市华为赛门铁克科技有限公司（798件）。

❷ 其中包含中兴通讯股份有限公司（35369件）、深圳市中兴移动通信有限公司（697件）、深圳市中兴微电子技术有限公司（17件）、深圳市立德通讯器材有限公司（4件）、上海中兴通讯技术有限责任公司（10件）、南京中兴软创科技股份有限公司（22件）、无锡市中兴光电子技术有限公司（14件）。

❸ 其中包含浪潮电子信息产业股份有限公司（1832件）、浪潮软件集团有限公司（69件）、山东浪潮华光光电子股份有限公司（27件）、浪潮（北京）电子信息产业有限公司（593件）、浪潮软件股份有限公司（41件）、浪潮通用软件有限公司（24件）、浪潮集团山东通用软件有限公司（196件）。

中国企业	专利总数/件	信息存储领域专利数/件
百度公司	3458❶	699
腾讯科技（深圳）有限公司	6436❷	2039
阿里巴巴公司	1900❸	594
曙光公司	1040❹	288
中国移动通信集团公司	3009	388
中国联合网络通信集团有限公司	1490	212
中国电信股份有限公司	1856	204
珠海金山软件股份有限公司	124	33
北京搜狐新媒体信息技术有限公司	46	8
海康威视	292❺	137
北京忆恒创源科技有限公司	19	19
中国长城计算机深圳股份有限公司	95	51
长城信息产业股份有限公司	71	21
上海宝存信息科技有限公司	3	3
中国科学院半导体研究所	2303	66
天津中科蓝鲸信息技术有限公司	31	31

❶ 其中包含北京百度网讯科技有限公司（657件）、百度在线网络技术(北京)有限公司（2801件）。

❷ 其中包含腾讯科技（深圳）有限公司（5571件）、腾讯数码（天津）有限公司（14件）、腾讯科技（成都）有限公司（17件）、深圳市腾讯计算机系统有限公司等公司（258件）。

❸ 其中阿里巴巴集团控股有限公司（1752件）。

❹ "中国专利数据库"中，曙光信息产业股份有限公司（199件）、曙光信息产业（北京）有限公司（572件）；而DII数据库中是1040件：DAWNING INFORMATION IND BEIJING CO LTD （714件）、DAWNING INFORMATION IND CO LTD （288件）、SHUGUANG INFORMATION IND CO LTD （49件）、TIANJIN DAWNING COMPUTER IND CO LTD （22件）、STATE COMPUTER NETWORK&INFORMATION SAF （13件）、STATE COMPUTER NETWORK & INFORMATION SAF （4件）、WUXI URBAN CLOUD COMPUTING CENT CO LTD （4件），对具有多个专利权人的专利仅计算一次，则共有1040件。

❺ 其中包含杭州海康威视数字技术有限公司（289件）、北京邦诺存储科技有限公司（13件）。

表2.3.2.2 部分外国企业申请的中国专利情况

外国企业	专利总数/件	信息存储领域专利数/件
英特尔公司（Intel）	7593	2636
伊姆西公司（EMC）	142	142
美光科技公司（Micron）	1090	1090
SK海力士半导体有限公司（SK Hynix）	2671	718
希捷科技有限公司（Seagate）	506	317
株式会社日立制作所（Hitachi）	10412	1206
惠普公司（HP）	3717	829
国际商业机器公司（IBM）	12610	4859
赛门铁克公司（Symantec）	154	46
株式会社东芝（Toshiba）	14895	1916
三星公司（Samsung）	42796	5254
戴尔美国公司（Dell）	192	60
微软公司（Microsoft）	7044	5261
富士通株式会社（Fujitsu）	7814	1293
甲骨文国际公司（Oracle）	405	100
西部数据技术公司（Western Digital）	136	136
美国慷孚系统公司（CommVault System,Inc）	4	4
网存公司（NetApp）	45	45
晟碟(SanDisk)	859	859

表2.3.2.3 伊姆西公司中国专利列表

序号	申请号	专利名称
1	CN201410407394	用于基于风险的验证的系统和方法
2	CN201310272881	用于度量存储系统性能的方法和装置
3	CN201310262708	用于文档推荐的方法和装置
4	CN201310272835	数据传送方法和设备
5	CN201310095686	用于数据拷贝的方法和装置

序号	申请号	专利名称
6	CN201310095687	用于多租户分布式环境中的数据管理的方法和设备
7	CN201310095688	用于搜索数据库的方法和装置
8	CN201310086342	用于确定应用正确性的方法和系统
9	CN201310078391	用于并行计算的方法和装置
10	CN201310060863	用于在物联网中采集数据的方法、装置和系统
11	CN201310338314	异构聚合通信网中用于简档管理和接入控制的方法和系统
12	CN201210169887	在虚拟化服务器和虚拟化存储环境中的去重复
13	CN201210422261	自动优先恢复及相关的装置/计算机程序产品
14	CN201210206505	利用服务器保存客户端数据的方法及服务器
15	CN201280062095	有效的备份复制
16	CN201280058212	数据特征的滚动升级的系统和方法
17	CN201210299545	利用了数据段的相似度的高效数据存储
18	CN201210403383	以可重复方式遍历数据
19	CN201210596219	用于安全操作计算机的方法、系统和设备
20	CN201210596218	用于管理存储器空间的方法和装置
21	CN201210595674	用于向用户提供计算资源的方法和装置
22	CN201210595747	用于数据保护的方法和系统
23	CN201210595746	用户认证的方法和装置
24	CN201210571064	用于搜索信息的设备和方法
25	CN201210519142	用于识别图像内容的方法和装置
26	CN201210439999	基于共同序列模式的、用于智能客户服务的分析系统和方法
27	CN201210440761	在网络基础设施中提供高速缓存服务的方法和装置
28	CN201210417663	用于系统故障诊断和修复的方法和装置
29	CN201210387802	用于对数据库进行分区的方法和系统
30	CN201210366772	用于提高分类精度的交互式可视数据挖掘
31	CN201210375612	用于管理虚拟机磁盘的方法和系统
32	CN201210236447	用于回收存储空间的方法和系统
33	CN201210103120	用于虚拟机集群的快照和恢复的方法和设备
34	CN201210102386	用于评估数据库的分区方案的方法和装置

序号	申请号	专利名称
35	CN201210103131	加快快照服务重新上线速度的方法、设备和计算机程序
36	CN201210103132	用于维护软件系统的方法和设备
37	CN201210103128	在文件系统中用于保存快照的方法和装置
38	CN201280024354	使用主要部分依存列表来维持文件系统中一致点的系统和方法
39	CN201280025403	节约资源型扩展文件系统
40	CN201280025415	基于时间的数据分割
41	CN201180063285	虚拟设备部署
42	CN201180063279	有效存储分层
43	CN201180046629	优化的恢复
44	CN201180046759	在网络上传输文件系统变化
45	CN201180041638	数据恢复期间的数据访问
46	CN201180013029	使用布隆过滤器的索引搜索
47	CN201110456770	用于设备过温保护的方法和装置
48	CN201110456748	用于管理数据备份任务的设备和方法
49	CN201110429998	用于实时数据处理的方法和设备
50	CN201110430012	用于在集群中指示节点存活的方法和设备
51	CN201110289091	在集群文件系统中改进高速缓存一致性的方法和装置
52	CN201110166629	用于构建安全的计算环境的方法和设备
53	CN201180036769	用于扩展无共享系统的装置和方法
54	CN201110069907	用于存储区域网络的文件系统
55	CN201180017542	在无共享分布式数据库中查询优先级的设备和方法
56	CN201110322410	相对于数据实施数据集特定管理策略的方法
57	CN201010612937	用于插座的壳体系统
58	CN201010601493	硬化随机访问存储器中的软件执行的方法和装置
59	CN201010601491	基于云的系统中的信息技术资源分配和利用跟踪
60	CN201010603127	用于存储管理的方法、设备和系统
61	CN201010603144	基于对象具有的表决资源的数量而标识对象的方法和设备
62	CN201080059390	分析查询优化器性能的设备和方法
63	CN201010508441	为虚拟机镜像提供安全机制的方法和系统

序号	申请号	专利名称
64	CN201010297739	监控电路
65	CN201010262383	用于隔离计算环境的方法和系统
66	CN201010255371	网络文件系统联合命名空间内文件加锁的系统与方法
67	CN201080031023	用于读取优化的批数据存储的设备和方法
68	CN201010213824	监视压缩和迁移状态的系统与设备
69	CN201080063921	用于促进数据发现的系统和方法
70	CN201080042904	快照系统中的性能存储系统以用于容量优化存储系统的性能改进
71	CN201080028493	用于提供数据的长期存储的系统和方法
72	CN201080036014	带有加密段的段去除重复系统
73	CN201080015183	数据复制系统中的数据重新分发
74	CN200980145334	身份副本删除之后的delta压缩
75	CN200980133628	用于管理数据存储系统的数据对象的方法和设备
76	CN200810189560	认证服务虚拟化
77	CN200880019270	使用细分段的集群存储
78	CN200880113184	基于策略的文件管理
79	CN200880105823	在虚拟化服务器和虚拟化存储环境中的去重复
80	CN200880103418	用于提供单写多读(WORM)存储的系统和方法
81	CN200880017055	使用自动精简配置技术的自动化信息生命周期管理
82	CN200780017618	数据库卸载处理
83	CN200780016805	自动优先恢复
84	CN200780011007	访问数据存储设备
85	CN200780016456	从存储系统迁移内容的方法和装置
86	CN200780009902	高效可传递存档器
87	CN200710089364	索引惟一电子邮件消息及其使用的系统和方法
88	CN200680006929	用于重新配置存储系统的方法和装置
89	CN200680047701	连续备份
90	CN200680031467	利用客户端应用程序的单次客户端快照的创建
91	CN200680022784	存储数据加密

序号	申请号	专利名称
92	CN200680022199	多路复用系统
93	CN200680001431	用于管理文件系统中的内容存储的方法和装置
94	CN200680012484	具有带嵌入式CPU的存储器控制器的数据存储系统
95	CN200680023154	使用用于存储装置通信和点对点通信的单一集成电路在数据存储系统中提供通信的技术
96	CN200680009996	扇区边缘缓存器
97	CN200680003967	检查点及一致性标记符
98	CN200680002191	管理数据删除的方法和装置
99	CN200680002192	管理数据删除的方法和装置
100	CN200680029860	信息保护方法和系统
101	CN200680029780	快照索引
102	CN200680030146	数据对象搜索和检索
103	CN200680029820	可搜索备份
104	CN200680023506	电话通信的重定向和镜像
105	CN200680023504	使用通信重定向和处理提供增强业务
106	CN200680012117	处理层级式数据的方法和系统
107	CN200580044663	备份信息管理
108	CN200580046233	在内容寻址的存储设备上实施应用程序特定管理策略
109	CN200580046178	配置为保持内容地址映射的内容寻址存储设备
110	CN200580033052	索引处理
111	CN200580033141	文件索引处理
112	CN200580031497	跟踪备份操作之间修改的对象
113	CN200580031384	远程存储数据副本
114	CN200580048140	数据恢复系统和方法
115	CN200580048139	动态数据备份的系统及方法
116	CN200580043638	用于存储系统的多功能扩充槽
117	CN200580043899	在群集存储环境中执行并行数据迁移的方法
118	CN200580035170	配置、监视和/或管理包括虚拟机的资源组
119	CN200510107957	三者间的异步复制

序号	申请号	专利名称
120	CN200580032766	虚拟排序的写
121	CN200510089040	访问内容可寻址存储系统的虚拟库中的内容的方法和装置
122	CN200580015079	低成本灵活网络访问存储体系结构
123	CN200580013832	存储开关流量带宽控制
124	CN200580013831	在线初始镜像同步及存储区域网络中的镜像同步验证
125	CN200510051119	增加数据存储容量的方法和装置
126	CN200480042560	在失效期间维持数据存储系统运行的技术
127	CN200410098532	生成内容地址以指示即将写入存储系统的数据单元的方法和设备
128	CN200410098531	存储系统中的数据保持方法及装置
129	CN200480038039	数据存储系统
130	CN200480035555	对多存储设备的虚拟排序的写
131	CN200480008082	虚拟排序的写
132	CN200480032416	数据消息镜像和重定向
133	CN03801721	动态远程数据镜像设备组
134	CN03800377	虚拟存储装置
135	CN03800378	虚拟存储装置
136	CN02809378	分布式计算机系统中的资源的选择
137	CN03813104	滤波式电力连接器及其制造方法
138	CN02823706	保存大容量存储系统的所选数据的抽点
139	CN02818848	对迁移和清除候选者的有效查找
140	CN02818844	在计算机系统之间共享对象
141	CN02818424	大文件的有效管理
142	CN02812792	镜像网络数据以建立虚拟存储区域网络

2.3.3　中国著名科研院所及高校申请的中国专利情况

表2.3.3.1给出了中国著名科研院所及高校专利申请情况，表2.3.3.1的第二列"专利总数"是指该单位1995~2014年公开的所有中国专利，第三

列"信息存储领域专利数"统计了信息存储领域公开的中国专利数量。由表2.3.3.1可看出，在信息存储领域，中国著名科研院所及高校公开的中国专利数量排名靠前的是清华大学（3517件）、浙江大学（2364件）、北京航空航天大学（2271件）、上海交通大学（1841件）、北京大学（1396件）、华中科技大学（1387件）、中国科学院计算技术研究所（1230件）、哈尔滨工业大学（1071件）和中山大学（1029件）等单位。

表2.3.3.1　部分科研院所及高校申请的中国专利情况

科研院所及高校	专利总数/件	信息存储领域专利数/件
中国科学院计算技术研究所	2757	1230
清华大学	28503	3517
华中科技大学	8455	1387
南京大学	7278	560
国防科学技术大学	3319	860
哈尔滨工业大学	16790	1071
西安交通大学	9353	908
西北工业大学	5491	436
中国传媒大学	188	76
上海交通大学	22164	1841
中国科学技术大学	3661	477
浙江大学	31561	2364
北京大学	8738	1396
北京理工大学	5737	693
北京航空航天大学	13212	2271
重庆大学	7528	690
复旦大学	9284	998
中国人民大学	88	26
武汉大学	6266	580
吉林大学	6857	396
中山大学	6908	1029
北京师范大学	1721	94
四川大学	7896	220
南开大学	4008	156
山东大学	8197	605

科研院所及高校	专利总数/件	信息存储领域专利数/件
中南大学	6138	176
厦门大学	4877	152

2.4 存储系统方向中国专利技术分布

2.4.1 中国发明专利申请技术分布

在中国申请的信息存储相关发明专利中，涉及磁盘存储技术的最多。从检索到的存储领域专利看，从1997年起，存储领域专利公开量呈稳步增长态势。国外公司年增长较快，表明专利布局受市场驱动，国外公司利用技术优势，加紧专利申请，这与存储市场的快速增长与技术快速更新是吻合的。目前，国内公司专利公开量增长速度超过国外公司的增长速度，但因基数较小，在绝对数量上仍存在很大差距。另外，东亚国家如日本和韩国更重视中国市场，特别是在G11信息存储分类和G06F电数字数据处理分类中（前者主要应用在存储介质、磁盘、磁带与媒体播放器等产品中，后者主要应用在信息存储系统等高端产品中，是信息存储领域最核心的专利部分之一）。从专利上的差距看，美国公司在我国数据存储市场居垄断地位。日本公司（除日立公司Hitachi外）以传统消费电子企业的专利申请为主，所以其专利主要偏重于消费电子领域的应用性专利，而美国公司则以计算机领域信息存储专利为主，其专门存储厂商国际商业机器公司（IBM）、伊姆西公司、甲骨文公司（Oracle）、惠普公司（HP）、希捷公司（Seagate）、三星公司（Samsung）等都以大量专利跻身前列。美国、日本、韩国几乎垄断了信息存储核心专利。国内企业和科研院所等单位中，华中科技大学的专利技术集中在存储系统和磁盘阵列领域及新型存储器件领域；清华大学的专利技术集中在光存储领域；英业达的专利技术集中于数据库与网络存储领域；中国科学院的专利技术集中在存储系统方面；华为、英业达和中兴等公司的专利技术集中于数据管理、可靠性、存储系统等领域。企业中以通信领域企业专利较多，这与我国通信产业的飞速发展、注意创新和知识产权保护很吻合。而专门的存储企业专利则较少，且有很多公司还没有专利，表明我国存储企业的技术基础非常薄弱。在基础性和技术含量较高的专利申请中，以科研院所（大学）申请为主，虽然，近年来国内企业如华为、华赛、英业达、中兴、浪潮等公司加大了相关专利申请力度，取得了可喜的进展，但是，我们认为，在专利技术的产业化方面还有待企业与高校和科研院所之间进一步建立良好的合作关系。

存储器件、设备由于涉及物理、材料、工艺、机械等多领域，本章不对其进行详细分析。存储系统技术相对集中在计算机领域，以下仅对存储系统相关技术进行讨论。

2.4.2 中国发明专利申请核心技术分析

本节根据查询结果，对在中国申请的存储系统方向的中国专利相关核心技术作简要分析。

海量存储系统：海量信息存储方面的专利，内容涉及海量存储的用户接口、性能监控、资源分配、多通道的体系结构、核心存储交换平台、存储系统管理以及海量存储系统等。专利申请机构有清华大学、华中科技大学、美国惠普公司（HP）、美国伊姆西公司、国际商业机器公司（IBM）和英特尔公司（Intel）等。

存储预警/磁盘预警：目前的预警功能大部分是用于网络上，存储系统的预警专利较少，而且也不是针对整个存储系统，比如英业达股份有限公司（中国台湾）申请的专利"网络存储系统的存储空间不足预警方法"（CN200610164691.4）用于预警存储空间的不足；联想（北京）有限公司申请的专利"一种计算机RAID阵列预警系统及方法"（CN200610094289.3），提出了一种磁盘阵列（Redundant Arrays of

Independent Disks，RAID）预警系统及方法。该系统包括磁盘阵列卡和多个硬盘，还包括监控单元，连接在磁盘阵列卡与硬盘接口之间总线上，用于采集磁盘阵列预警数据，并对采集的数据进行分析，根据分析结果给出预警信息。还提供一种RAID阵列预警方法。该系统和方法在磁盘阵列系统可能出现故障时提前预警，提高磁盘阵列的健壮性，保护用户的数据安全。EMC的预警式服务进行磁盘预警，例如某块磁盘的一个磁道坏了，虽然这样并不影响它的使用，但它的坏扇区的数量会慢慢地增加。EMC的设备里有自动报警装置，EMC的工程师会根据报警来更换相关设备，而此时用户自己可能还不知道。另外，在数据中心上提供更全面的远程监控、警报和报告服务，比如收集并分析了各种性能、使用率和吞吐量的数据，当出现网络、系统、设备硬件故障问题，或者性能瓶颈问题，或潜在的系统故障时，该服务向系统管理员发出警报以避免停机。在存储交换机和企业网络中的其他交换机上应用了安全预警机制。华中科技大学在这方面申请了三个专利，"一种自适应数据存储优化分布方法"（CN03119019），提出了一种自适应数据存储优化分布方法，系统对输入输出数据进行分析，统计数据使用频率。系统能够根据当前系统中所有存储设备的容量和性能状况，结合I/O数据的使用频率和分布特征，按照合适的策略对数据进行分布，加快经常使用的数据的存取性能，提高了整个系统的工作性能，达到系统自适应进化的目的。"一种存储设备数据再生进化方法"（CN03119020），提出系统实时对每个存储设备簇的性能和读写请求进行检测。"一种进化存储系统及其进化方法"（CN03119021），能在进化过程中根据存储系统环境及自身状态的变化，系统自动选择最适合当前环境的系统组织方案，保持系统的动态平衡。系统不会因为存储设备的过时而导致系统不能适应当前应用的需求，整个系统的安装、配置和扩展也非常简单而容易，从而呈现给用户的外在特征是系统越用越好，性能不会随着时间的推移而下降，反而在不断地提升，并具有极高的可用性和良好的可维护性。

存储可靠性：近些年来存储可靠性技术从单一的用于监控存储设备可靠性向对存储系统实施监控，保证业务正常运行和提供不间断服务的方向发展。存储系统提供统一的视图，以便对全部资源实现监控，检测运行状态，预防服务中断，确保服务失效时能快速恢复。如何使存储系统既适应数据量的爆炸性增长又保证给用户提供可靠保障需要从以下几个层次进行努力。

第一个层次是单个存储设备内。日本电气、飞利浦公司和武汉大学等都是提出采用一种比较好的编码方式对存储的数据进行纠错来达到硬件上的高可靠性。

第二个层次是多个存储设备级。包括RAID、磁盘接口、网络通信及高速缓存技术，华中科技大学对RAID重构进行了研究，清华大学开发了移动存储的磁盘同步写，华三通信技术有限公司开发了iSCSI（Internet Small Computer System Interface，Internet 小型计算机系统接口）鉴权技术、三星公司开发了分布式存储发送接收设备、日立公司开发了存储维护及管理装置的冗余化方法及使用该方法的装置，华为公司和英业达公司将写数据预先存储在另一个存储模块或高速缓存中来提高存储可靠性。

第三个层次是存储系统级。包括网络存储集群、网格存储、虚拟化存储、基于对象存储等，主要是采用系统设备的冗余、备份、负载均衡、集群重构、虚拟化等手段来提高系统可靠性。如华中科技大学采用基于对象存储系统的对象冗余分布方法，中山大学采用网格存储医学图像，中国科学院计算机所提出了虚拟化网络存储，华三通信技术有限公司对虚拟化网络存储的全局卷管理进行了冗余处理，清华大学优化了存储区域网络（Storage Area Network，SAN）环境中的资源管理等。

磁盘阵列：从磁盘阵列提出到现在已经有20年的历史了，在该项上，国外的专利明显比国内早。最初的国外专利都集中在RAID的设计和实现上，包括具体的体系架构、缓存、I/O控制单元、奇偶校验硬件加速单元等设计思想，然后出现了Auto RAID、FRAID、容双盘错的数据布局等提高性能、可靠性的优化技术。国内在该领域的专利比较晚，但也是延续了国外的专利轨迹：具体实现与架构，然后是各种优化方案。随着计算机技术的不断发展，一些新的技术和问题也不断的出现。如何容忍双盘或更多磁盘故障？如何有效地保护由于潜在的扇区故障而导致的RAID设备数据丢失现象？如何提高RAID的可扩展性？固态盘技术对RAID的影响如固态盘阵列、固态盘做内存和磁盘阵列的中间缓存等都是可挖掘的领域。

目前，华中科技大学在磁盘阵列方面特别是数据重建等方面具有显著优势。专利"外置式多通道网络磁盘阵列控制装置及其使用的协议适配方法"（CN03125247），提出了一种外置式多通道网络磁盘阵列控制装置及其使用的协议适配方法。通过缩短存取路径，达到减少平均服务等待时间和提高用户平均数据传输率的目的。"一种适用于磁盘阵列的数据重建方法"（CN200610124981），提出一种适用于磁盘阵列的数据重建方法，目的是动态跟踪用户访问的热点变化，优先重建用户访问的热点区域，从而缩短重建时间并提高用户访问的响应速度。"一种磁盘阵列的数据重建方法"（CN200810047977），提出一种磁盘阵列的数据重建方法，解决现有的磁盘阵列数据重建方法需要时间过长、影响存储系统的读写性能和可靠性的问题。此技术大大减少了重建带来的物理磁盘访问次数，加快了重建速度并且减少用户访问响应时间；该方法并未改变重建流程或磁盘阵列数据分布方式，可以很方便地优化各种传统的磁盘阵列重建方法，适用于构造具有高性能、高可用性和高可靠性的存储系统。"磁盘阵列数据重建方法"（CN200810236904），提出在重建中磁盘阵列之外设置代理磁盘阵列，加快重建速度并且减少用户访问响应时间，未改变重建流程或磁盘阵列数据分布方式，适用于构造具有高性能、高可用性和高可靠性的存储系统。"双控制器磁盘阵列的动态故障检测系统"（CN200910060553），提出一种双控制器磁盘阵列的动态故障检测系统，解决现有故障检测系统需要大量的样本信息或者对样本要求满足特定概率分布，存储系统的负载较大，计算过程复杂、不稳定的问题。"一种存储系统数据分布及互转换方法"（CN200710168686），提出了一种存储系统数据分布及互转换方法，依据I/O请求具有局部性的特征，对不同访问特征的I/O请求采用适合的数据分布形式，使存储系统能够达到性能的最优化。本发明提出的存储系统数据分布转换方法使系统能动态的适应I/O请求特征的变化，减少不同冗余级别之间数据分布转换的代价并消除因数据迁移而产生的性能瓶颈，从而较大的提高存储子系统性能。"树型结构磁盘阵列"（CN200410060834），以适应系统总线与设备通道的匹配，并解决数据组织的串行性与操作并行性问题。包括主机、单元控制器、磁盘，其特征在于作为根节点的主机，通过两条SCSI通道连接下一层的两个单元控制器，每个单元控制器再连接更下一层的两个单元控制器，所有的单元控制器都具有一条向上连接的上通道和两条向下连接的下通道，磁盘连接于最下层的单元控制器下通道构成树型结构中的叶子节点。

存储虚拟化：举例来说，国际商业机器公司申请的专利"用于管理数据存储的方法、系统和计算机程序产品以及虚拟化引擎"（CN200680025626），提供了一种用于在存储区域网中使用的存储管理方法。包括提供存储管理策略；将物理存储块映射到对应的虚拟盘块；存储关联于块的元数据，该元数据标识了该块所对应的物理存储器的层次级别、在该块与虚拟盘块之间的映射，以及指示对数据的访问率。周期性地将访问值与关联于其层次级别的至少一个门限率进行比较。根据比较的结果，然后可以将存储块标记用于迁移到另一层次级别的物理存储介质。

网存公司申请的专利"用于高速缓存网络文件系统的系统和方法"（CN200680022927），提出一种网络高速缓存系统，具有连接到原始服务器的多协议高速缓存文件管理器，以提供文件管理器响应于计算机网络上多协议客户端发出的数据访问请求而提供的数据存储虚拟化。多协议高速缓存文件管理器包括配置为管理稀疏卷的文件系统，该文件系统虚拟化数据的存储空间以便提供多协议客户端访问数据的高速缓存功能。为此，高速缓存文件管理器还包括多协议引擎，该引擎配置为将多协议客户端数据访问请求转换为可由高速缓存文件管理器和原始服务器都可执行的通用文件系统的操作。与之相关的专利还有"通过在文件系统上将虚拟盘对象分层进行存储虚拟化"（CN03823825）。

思科公司申请的专利"通过虚拟包封在存储区域网络内实现存储虚拟化的方法和装置"（CN02828446），提出用于在存储区域网络的网络设备上实现存储虚拟化的方法和装置。创建虚拟包封，使其具有一个或多个虚拟包封端口，并适于表示一个或多个存储虚拟单元。每个虚拟存储单元都表示存储区域网络的一个或多个物理存储单元上的一个或多个物理存储位置。虚拟包封的每个虚拟包封端口都与存储区域网络内的网络设备的端口相关联。然后向每个虚拟包封端口分配地址或标识符。

华中科技大学申请的专利"一种超大容量的虚拟磁盘存储系统"（CN200610018831），提出一种超大容量的虚拟磁盘存储系统，将传统顺序访问的磁带介质虚拟为可随机访问的磁盘驱动器，存储容量由磁带库存储容量决定，读写性能接近物理磁盘，虚拟了真实磁盘的物理特性，呈现给用户的是一块大硬盘。"一种存储虚拟化系统的元数据层次管理方法及其系统"（CN200310111436），提出了一种存储虚拟化系统的元数据层次管理方法及其系统。该方法对元数据逻辑树进行层次管理，引入匹配表以减轻根目录服务器的压力，不仅可以快速准确地定向到用户所请求访问的目录，而且使系统达到更好的扩展性。匹配表常驻内存，因为它只记录每个目录服务器的根入口地址，所以所占空间极小，而且管理方便。由于匹配表所拥有的条目并不多，搜索匹配表对用户请求目录进行匹配的效率也很高。其系统包括设置有匹配表及匹配表管理模块的元数据服务器和目录服务器，匹配表至少包括目录服务器名称和目录服务器上所保存的元数据子逻辑树的根目录。

富士通株式会社申请的专利"存储虚拟化设备及使用该设备的计算机系统"（CN200510077587），提出了一种存储虚拟化设备及使用该设备的计算机系统。该存储虚拟化设备具有连接到物理存储单元的通信路径的足够容错性。

并行文件系统：浪潮电子信息产业股份有限公司申请的专利"构建高可用分布式存储系统的方法"（CN03112402），提出了一种建立在并行文件系统和分布式文件系统之上的高可用分布式存储系统构建方法，将分布式存储系统内的数据存储节点按顺序组成镜像矢量环，并在镜像矢量环内的各个存储节点上设置网络标识，同时利用邻接复制技术将一个节点的数据复制到其邻接节点，当节点出现故障或节点的增加/减少以及改变可用级别时，通过不同的客户端读写机制保证分布式存储系统的高可用性、可扩展性和动态的可配置能力。

中国人民解放军国防科学技术大学申请的专利"面向通信的分组并行输入/输出服务方法"（CN200410023254），提出了一种面向通信的分组并行输入/输出服务方法，要解决的技术问题是针对现有I/O服务方法对分散数据访问性能低、不支持MPMD编程方式、产生的消息量较大等问题，提出一种面向通信的分组并行I/O服务方法以提供较高的I/O服务性能。

华中科技大学申请的专利"一种提高元数据服务可靠性的方法及其系统"（CN200710051407），提出一种提高元数据服务可靠性的方法及其系统，目的是充分利用节点资源，提高元数据服务可靠性。本发明方法包括正常运行、主元数据服务器故障、备用元数据服务器升位、从元数据服务器故障和第二备用元数据服务器升位步骤。系统包括客户节点、存储节点、主元数据服务器和从元数据服务器，各自包括对象元数据服务模块、存储资源管理模块和高可用模块，高可用性模块包括元数据复制模块、故障屏蔽模块、监控模块和选取模块，选取模块从存储节点中选取负载最轻的做为备用元数据服务器。

上海交通大学申请的专利"分布式交通信息存储文件系统"（CN200710038073），提出一种电子信息技术领域的分布式交通信息存储文件系统。存储资源管理服务器管理数据存储服务器，收集数据存储服务器的各项指标，元数据管理服务器在获取文件时，用于维护可靠的端到端的传输，传输管理服务器用于数据存储服务器之间的传输，副本管理服务器包括与元数据服务器通信的单元、与历史分析及策略扩展服务器通信的单元以及调用传输管理服务器的单元，历史分析及策略扩展服务器对有用数据进行分析，虚拟文件视图终端是系统的主要入口端，与数据存储资源管理服务器交互的单元以及与副本管理服务器交互的单元。

清华大学申请的专利"海量数据分级存储方法"（CN200710118116），采用各前端主机上的并行文件系统客户代理软件通过系统接口子模块和VFS（Virtual File System）层子模块实现对VFS访问的支持；元数据服务器负责把不同数据服务器上的数据文件组织成统一的并行文件系统视图，由元数据管理模块提供访问元数据的操作，由文件迁移决策模块定期从数据服务器获取文件访问信息，并根据文件系统负载和设备分级情况对文件迁移进行决策；数据服务器的迁移执行模块执行具体的迁移工作。该方法根据负载情况自动地完成数据迁移过程，有效提高了系统的吞吐率，并且迁移文件少，迁移进程对前端应用的影响也较小。专利"基于海量数据分级存储系统的迁移管理方法"（CN200710119359）提出各前端主机上的并行文件系统客户代理软件实现对VFS访问的支持；元数据服务器负责执行增量扫描、迁移管理以及速率控制等操作，实现对海量数据分级存储系统中前端应用的性能保证。数据服务器按照性能高低划分为快速数据服务器和慢速数据服务器，对元数据服务器发来的增量扫描指令进行处理并返回扫描信息，同时执行元数据服务器发来的文件迁移命令。该方法根据负载情况对数据迁移过程进行调度，根据快速设备剩余空间情况进行主动降级，减弱了迁移过程对前端应用的影响，提高了快速设备剩余空间比率，增强了海量数据分级存储系统的自管理性。

华为赛门铁克科技有限公司申请的"数据更新方法和装置"（CN200910105888），提出了一种数据更新方法和装置，其中数据更新方法包括：获得待更新的第一存储节点的数据对象的关联数据对象的信息；根据所述关联数据对象的信息从所述关联数据对象所在的存储节点获得所述关联数据对象的数据；采用所述关联数据对象的数据按照数据文件的存储模式得到所述第一存储节点的数据对象的数据，更新出所述第一存储节点的数据对象到目标存储节点。

存储管理：国际商业机器公司申请的"用于不间断存储配置的设备、系统和方法"（CN200810002688），提出了一种用于不间断存储配置的设备、系统和方法。这种不间断存储配置设备备有多个被配置为功能上执行下列步骤的模块：产生存储配置信息的临时位置；将存储配置信息保存到临时位置；响应于确定存储介质在物理上是可配置的，将存储配置信息从临时位置拷贝到存储介质。在一个实施例中，这些模块包括初始化模块、存储管理器接口和存储介质接口。专利"新型即时复制操作"（CN200580047416），提出一种方法和服务创建和维护存储在源存储单元中的源数据的虚拟即时副本。该方法/服务接收至少一个创建所述源数据的即时副本的请求。但是，不创建所述源数据的副本，而是在目标存储单元或由同一存储系统管理的其他存储单元中创建目标存储单元映射表。此目标存储单元映射表包含指向所述源数据的指针。此外，目标存储单元或由同一存储系统管理的其他存储单元中维护修改空间。所述修改空间的每个部分与给定的目标存储单元关联。所述修改空间只存储所述源数据的对相应目标存储单元唯一的更改。在将数据写入所述修改空间时，通过将所述目标存储单元映射表中的相应指针从所述源数据重定向到所述修改空间来修改所述目标存储单元映射表。

株式会社日立制作所申请的专利"存储系统、存储系统管理方法及计算机系统"（CN200710194622），提出一种可以容易地变更负责逻辑存储装置的处理器的技术。主机具有管理表，该管理表负责针对存储区域的输入输出处理的控制进行管理。

华三通信技术有限公司申请的"一种存储系统管理方法和装置"（CN200910081018），提出一种存储系统管理方法和装置。该装置保存不同类型廉价磁盘冗余阵列RAID的特性信息；在存储系统中选择磁盘组成阵列，并在阵列上为不同的应用服务器分别创建逻辑存储资源；对于每个逻辑存储资源，将该逻辑存储资源分配给对应的应用服务器，获取对应应用服务器对该逻辑存储资源的读写特性，根据所获取的读写特性以及所述保存的不同类型 RAID的特性信息选择一个RAID类型，并将所选择的RAID类型作为该逻辑存储资源的RAID类型。该技术方案使得存储系统中的RAID能够为应用服务器提供较好的性能。

国际商业机器公司提出的"促进灾难恢复的装置和方法"（CN200710139016），一台计算机相关的存储设备上的数据可以从另一台计算机相关的存储设备上的数据来恢复，而另一台计算机上的存储设备状态可以被设置为开启或者关闭。该装置包含：接收器，用来接收更新另一台计算机存储设备的更新操作；处理器，在更新另一台计算机存储设备之前，处理器执行更新操作更新与另一个计算机系统相关的非易失性存储器。同时也提出了一种灾难恢复方法，一台计算机内存设备中的数据可以根据相关的另一台计算机存储设备中的数据来恢复，而另一台计算机的存储设备状态可以被配置为开启或者关闭状态。该方法包括以下几步：接收更新另一存储设备的更新操作；在更新另一存储设备之前更新与另一台计算机系统相关的非易失性存储器。该专利关键点是提出了灾难恢复的设置和方法，并对设置和方法的思想与实现进行了详细的说明，优点是减少维护成本，操作执行速度快，并且能够提供给高可用性系统。

华中科技大学申请的专利"一种面向海量存储管理的存储虚拟化方法"（CN201110025361），该发明通过整个存储空间里的存储容量和存储性能的合理分配，提高了存储资源利用率；通过独立的控制和数据传输路径，提高了数据传输的性能；通过为分散的企业存储提供集中的管理，降低了存储系统的管理成本，适用于面向海量异构存储系统的虚拟化管理。

浙江大学申请的专利"Java操作系统中段页式虚拟存储系统的实现方法"（CN200610049136），提出一种Java操作系统中段页式虚拟存储系统的实现方法。这种方法采用先分段，然后在段内分页来实现在Java操作系统中的存储系统管理。这种方法使得Java程序可以在足够大的虚拟空间上运行，不但可以保证每一段拥有完整逻辑意义，而且能够尽量减少内存碎片的产生。

中国科学院计算技术研究所申请的专利"一种网络服务器系统及方法"（CN200710178986），提供一种以数据为中心的网络服务器系统，包括互联交换网络、计算资源、存储资源，还包括数据资源和管理服务器；互联交换网络分别与所述的计算资源、存储资源、数据资源、管理服务器连接；其中，管理服务器包括用于对所述数据资源进行管理的数据管理模块、用于对计算资源进行管理的计算资源管理模块、用于对存储资源进行管理的存储资源管理模块，以及用于对网络服务器系统的计算环境进行管理的计算环境管理模块。

清华大学申请的专利"SAN环境中基于网络的海量存储资源管理方法"（CN200510011231），提出SAN环境中基于网络的海量存储资源管理属于存储区域网络领域，它通过专用处理器节点机来维护一套存储资源配置信息，并集中管理存储网络中各种不同的存储设备资源，并通过小型计算机系统接口（即SCSI）中间层进行命令分析处理，从而对前端主机提供完全透明的虚拟化存储服务。它在节点机上维护全部存储设备的配置信息列表；同时在节点机上实现一个支持虚拟化功能的SCSI软件目标器，以把主机对虚拟盘逻辑空间的访问转化为对实际物理设备的访问。它具有不必在前端主机或设备上加载任何软件，占用信息资源少、空间分配灵活、优先使用性能最佳的物理设备的优点。

清华大学申请的专利"Windows平台下动态管理存储资源的通用方法"（CN200510011354），提出一种Windows平台下动态管理存储资源的通用方法属于存储区域网络(SAN)系统中存储资源动态管理技术，使用基于Windows NT操作系统卷管理器的内核模块实现存储资源的动态分配和使用，同时利用用户模式下的通信软件与全局的存储资源管理服务器连接，由后者进行全局的存储资源在不同应用服务器之间的调度和分配。内核模块除了要支持与存储资源管理服务器相对应的存储资源调度方法外，还要将应用程序对由其提供的虚拟存储设备的操作提供映射到物理存储设备中。此外内核模块还会对Windows NT操作系统的其他组件屏蔽对其所控制的物理设备的访问。

华为软件技术有限公司申请的专利"经营分析系统统一资源管理系统及资源查找方法"（CN200710165987），提出了一种经营分析系统统一资源管理系统及一种资源查找方法，该系统包括：资源管理中心，具体包括配置单元，用于接收用户的查找请求，并发送所述用户的查找请求到资源配置容器进行查找，接收资源配置容器的查找结果并反馈给用户；资源配置容器，用于获取存储器中资源的标志及其属性信息；接收资源管理中心的查找请求，根据所述查找请求中携带的资源功能标识查找资源；存储器，用于存储资源管理中心预先配置好的带有区分功能标识的资源及其属性。

对象存储系统。华中科技大学在硬件方面：①专利"基于对象的存储控制器及其使用的调度方法"（CN200510019140）提出了一种对象存储控制器及其调度方法，采用控制设备处理能力达到减少数据传输操作层次和缩短I/O路径的目的；②专利"一种异构双系统总线的对象存储控制器"（CN200610019040）给出了异构双系统总线对象存储控制器，提供对象接口和异构双系统总线的体系结构，降低网络带宽需求，减少服务器负载，最大限度利用处理器能力，平衡处理器和存储设备在速度上的差异，实现存储系统的智能优化。华中科技大学在软件方面：①专利"基于对象存储系统的分布式锁"（CN200710051406）提出一种基于对象存储系统访问模式属性的分布式锁，包括数据锁管理器和元数据锁管理器，目的在于提高读锁访问效率；②专利"基于对象存储设备的负载平衡方法"（CN200710051509）基于对象存储设备的负载平衡方法，目的在于通过合理调度I/O负载和热点数据迁移，使系统负载均衡分布于各存储节点间，以充分发挥各高性能存储设备节点的性能优势；③专利"适用于对象网络存储的分布式多级缓存系统"（CN200610018834）提出适用于对象网络存储的分布式多级缓存系统，包括用于元数据缓存的零级缓存、用于客户端数据缓存的一级缓存和用于对象存储节点数据缓存的二级缓存，以解决客户端元数据缓存一致性问题，加快元数据的访问速度，降低服务请求响应时间；提高整个文件系统的I/O吞吐量，降低缓存对象的平均查找时间；提高存储节点缓存命中率，提高系统数据传输率。

武汉大学提出：①专利"一种基于对象存储的地形数据存储方法"（CN200710051621）将相邻或相近地形数据瓦片的地形存储对象分布于基于对象存储系统内的不同基于对象存储设备，保证查询响应时间的恒定，提高地形数据应用系统的运行效率；②专利"一种空间数据集群存储系统及其数据查询方法"（CN200710051866），空间对象存储设备用于实现具有数据库意识的存储，提供空间数据对象粒度存取访问，提供空间查询处理和索引的能力，提供了具有低花费、高性能、高可用性和高可扩展性的空间数据存储与管理方案。

华为技术有限公司申请的专利，"对象调整方法、迁移控制设备、节点设备及存储系统"（CN201180001199），提出一种对象调整方法、迁移控制设备、节点设备及存储系统。该系统接收对象信息，根据预先存储的各节点中各个存储介质处理各级大小的对象的读写速率和存储容量，在满足各存储介质的占比小于1的条件下获取至少一个对象的调整信息，向至少一个节点发送至少一个对象的调整信息。该专利能够有效地保证包括各节点的存储系统的存储性能最优。华为数字技术（成都）有限公司申请的专利"一种分布式存储方法、装置和系统"（CN 201110183316），提出一种分布式存储装置和一种分布式存储系统。该系统将对象存储在资源存储池中，物理存储空间只有当存储对象的时候，才分配给资源存储池，从而能够按照用户所需的物理存储空间，动态灵活的分配物理存储空间，提高物理存储空间的利用率。

固态盘：三星电子株式会社申请的专利"支持多存储器映射方案的快闪存储器控制器件及其方法"（CN200610004594），提出了一种用于控制快闪存储器的设备，该设备包括：存储器，用于存储多个快闪变换层；以及控制块，用于当从外部请求访问时确定访问的模式，基于确定结果而选择存储在存储器中的快闪变换层中的一个，并基于所选快闪变换层而管理快闪存储器的映射数据。三星电子株式会社申请的专利"固态盘控制器装置"（CN200610004993），提出了一种固态盘控制器装置，该装置包括：第一端口；第二端口，具有多个信道；中央处理单元，连接到CPU总线；缓冲存储器，被配置成存储要从第二端口传输到第一端口以及要从第一端口传输到第二端口的数据；缓冲控制器/仲裁器块，连接到CPU总线，并且被配置成基于中央处理单元的控制而控制缓冲存储器的读和写操作；第一数据传输块，连接在第一端口和缓冲控制器/仲裁器块之间，并且被配置成绕开CPU总线传输要向/从缓冲存储器中存储/读取的数据；第二数据传输块，连接在第二端口和缓冲控制器/仲裁器块之间，并且被配置成绕开CPU总线传输要向/从缓冲存储器中存储/读取的数据。

国际商业机器公司申请的专利"用于控制固态盘（SSD）设备的装置和方法"（CN201080005847），提出了一种用于控制固态盘的装置和方法，可操作用于检测固态盘内故障的故障检测器；对检测故障的故障检测器做出响应的状态降级器，可操作用于为固态盘设定降级状态指示标记；对降级状态指示标记做出响应的降级状态控制器，用于保持固态盘在降级运行模式中运行。

英特尔公司申请的专利"固态盘中改进的错误校正"（CN200980155605），提出了一种固态盘包括非易失性存储器以及控制器。控制器对存储在非易失性存储器上的数据执行错误检查和纠正（ECC，Error Correcting Code），并且如果ECC不能校正数据，则对数据执行奇偶校验操作。

相变存储：英特尔公司申请的专利"对相变存储器进行编程的方法和装置"（CN02826334），提供了一种对多级单元（MLC）相变材料进行编程的方法和装置。通过设置施加于所述材料的电流信号的下降时间，将所述材料编程为多种状态中的一种希望的状态。英特尔公司申请的专利，"用于相变存储器的含碳分界表面层"（CN02820018），该专利用一个含碳分界表面层可形成一个相变存储器单元，该含碳分界表面层加热一种相变材料。

上海新安纳电子科技有限公司和中国科学院上海微系统与信息技术研究所申请的专利"一种相变存储器电极结构的制备方法"（CN201310461919），提出一种相变存储器电极结构的制备方法，具体做法是先在硅衬底上依次沉积第一绝缘层和第二绝缘层，然后刻蚀形成贯通第一绝缘层和第二绝缘层的圆孔状凹槽Ⅰ；在凹槽Ⅰ内沉积钨材料；再通过干法回蚀刻蚀填充于凹槽Ⅰ内的钨材料至其上表面与第一绝缘层的上表面齐平，形成圆孔状凹槽Ⅱ，沟槽Ⅱ底部的钨材料作为下电极；接着在凹槽Ⅱ的内表面及第二绝缘层的上表面上沉积导电薄膜层，继而在沟槽Ⅱ内填充第三绝缘层材料，最后化学机械抛光去除第二绝缘层上表面上多余的第三绝缘层材料和导电薄膜层，剩余导电薄膜层作为上电极。此方法具有大大提高器件的良率，并提高硅片内环形电极高度的均匀性，使得相变过程中的电阻分布变窄，提高器件的稳定性的特点。

中国科学院半导体研究所申请的专利"环形垂直结构相变存储器的制备方法"（CN201310101003），提出一种环形垂直结构相变存储器的制备方法：在衬底上依次淀积第一电热绝缘材料层和下电极材料层；在下电极材料层上淀积第二电热绝缘材料层，在下电极材料层上开孔；在第二电热绝缘材料层上依次淀积插塞电极材料层和第三电热绝缘材料层；在第三电热绝缘材料层上形成圆柱形的电热绝缘材料层掩模；干法刻蚀插塞电极材料层至第二电热绝缘材料层上表面；在其上依次淀积第一低热导率材料层、相变材料层、第二低热导率材料层；形成第一低热导率材料层、相变材料层、第二低热导率材料层构成的侧墙；在第二电热绝缘材料层的上表面、侧墙的外表面以及电热绝缘材料层掩模的上表面，制备上电极材料层；在下电极材料层上引出下测试电极，在上电极材料层上引出上测试电极，完成器件的制备。

量子存储：英特尔公司申请的专利"分子量子存储器"（CN200680038600），提出了一种用于实施分子量子存储器的设备、系统和方法。该专利体现了至少一个探针端部又可以电耦合到分子，从而可以使用从极化电子电流源选择性得到的时变极化电子电流而将信息写入到分子。

第3章　信息存储技术发展态势分析

本章的主要数据源仍是DII数据库，从存储器件、存储设备、存储系统和存储软件四个层面讨论信息存储技术1995~2014年的专利公开量趋势情况。

3.1　存储器件

存储器件技术方向涉及存储器件电路的设计及改进，存储器件制造和工艺上的设计及改进，如对尺寸和性能的优化。相关专利涉及的技术细节还包括，存储器件（特别是新型非易失性存储器件）读写控制、擦除控制、页面的调整方法、驱动控制、密度控制、数据恢复、安全性能控制，存储器件多种降低耦合噪声的存储单元电路的设计及方法、电压高低的控制方法和电荷泵充电泵电路、对寄生电荷、电容进行抑制的电路及方法、测试方法、校正方法，存储器件扫描电路、熔丝电路、放大器电路设计及方法等。

3.1.1　随机存储器

从图3.1.1.1可看出，过去的20年，随机存储器方面的专利申请呈快速增长的态势，专利公开量大幅提升，2008年后趋缓。主要体现在为计算机存储技术提供了很多优势，包括存储密度的提升和容量的增加及成本的降低。近年来美光、三星等公司提出3D（3 Dimensions）内存芯片（Hybrid Memory Cube，HMC），又称混合立方内存芯片，由于3D内存芯片与CPU

的数据传输速度将是现阶段内存技术的10倍以上，适应高速发展的处理器和宽带网络的需求。因而最近几年关于随机存储器的专利申请有大幅度增加，仍然是研究热点。

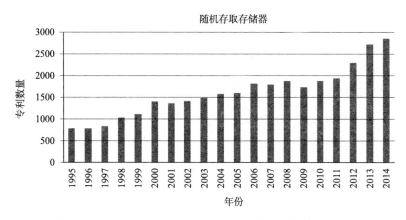

图3.1.1.1　随机存取存储器（RAM）专利公开量的变化趋势

从专利申请权利人看，目前该方向的优势企业是英特尔公司（Intel Corporation）、国际商业机器公司（International Business Machines Corp.）、三星公司（Samsung Group）、美光公司（Micron Technology, Inc.）、台湾半导体制造有限公司（Taiwan Semiconductor Mfg. Co. Ltd.）、SK海力士公司（SK Hynix Inc）、德克萨斯仪器公司（Texas Instruments Incorporated）、瑞萨电子公司（Renesas Electronics Corporation）、奇梦达公司（Qimonda AG）、惠普公司（Hewlett-Packard Company）、西门子公司（Siemens AG）、联华电子公司（United Microelectronics Corp）、东芝公司（Toshiba Corporation）、三菱电机公司（Mitsubishi Electric Corporation）、日立公司（Hitachi, Ltd.）、甲骨文公司（Oracle Corporation）、富士通公司（Fujitsu Limited）、围岩研究有限公司（Round Rock Research LLC）、高智发明（Intellectual Ventures Management, LLC）、意法半导体（STMicroelectronics N.V.）。

英特尔公司因随机存取器技术领先，英特尔公司开发的CPU芯片性能高、价格低廉，得益于其CPU集成了大面积片上RAM（随机访问存储器），成为其突出优势。

3.1.2 非易失性半导体存储器

随机存储器技术的发展也遇到了自身的问题：现有的随机访问存储器（Random Access Memory，RAM）尺寸已经到达其CMOS工艺的极限，同时数据刷新所产生的能耗问题随着其容量扩大日益严重，当内存技术继续发展，传统的RAM介质在面对内存尺寸缩小带来的系统稳定性、数据可靠性以及能耗等问题上面临困境。

除了现在广泛应用的非易失性存储器闪存（Flash Memory）外，新型非易失性存储器（Non-Volatile Memory，NVM）的出现，为扩展计算机内存提供了新的途径，同时促进了计算机在系统结构上的改变。现有的非易失性存储器有相变存储器（Phase Change Memory，PCM）、磁性随机存储器（Magnetic Random Access Memory，MRAM）、自旋转移矩磁性随机存储器（Spin-Transfer Torque MRAM，STT-MRAM）、铁电随机存储器（Ferroelectric Random Access Memory，FeRAM）、量子存储器（Quantum Memory）、记忆电阻（Memory Resistor）、阻变式存储器（Resistive Random Access Memory, ReRAM）、硅纳米晶存储器（Silicon Nanocrystal Memories）等。

对于处于初期研发阶段且专利公开量太少的非易失性存储器，例如硅纳米晶存储器在2004年开始才有专利被公开，2004~2014年公开量总计17件，本书不详细讨论，仅对市场已接受的或比较有发展潜力的几种非易失性存储器的专利数量进行统计分析。

3.1.2.1 闪存（Flash Memory）

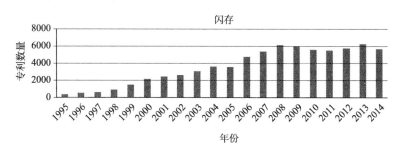

图**3.1.2.1** 闪存（**Flash Memory**）专利公开量的变化趋势

1984年，东芝公司的发明人舛冈富士雄首先提出了快速闪存存储器（简称"闪存"）的概念。与DRAM不同，闪存的特点是非易失性（也就是所存储的数据在主机掉电后不会丢失），其读/写速度也非常快。1988年，英特尔公司（Intel）推出了一款256K bit闪存芯片，被称为NOR闪存。1989年，日立公司研制第二种闪存，即NAND闪存。NAND闪存的写周期比NOR闪存短90%，它的保存与删除处理的速度也相对较快。NAND的存储单元只有NOR的一半，在更小的存储空间中NAND获得了更好的性能。图3.1.2.1表明，从1995~2003年呈现快速增长态势，并于2008年达到顶峰。

从专利公开量看，该领域已积累大量专利的公司有美光公司、闪迪公司、三星公司、英特尔公司、飞索半导体公司（Spansion Inc.）、围岩研究有限公司（Round Rock Research LLC）、东芝公司、瑞萨电子公司（Renesas Electronics Corporation）、微软公司、超级天才电子有限公司（Super Talent Electronics Inc）、高智发明、惠普公司、索尼公司、甲骨文公司、马维尔科技集团有限公司（Marvell Technology Group Ltd.）、苹果公司、思科公司、Conversant知识产权管理公司（Conversant Intellectual Property Management Inc.）、西部数据公司、国际商业机器公司等。

3.1.2.2 相变存储器（Phase Change Memory）

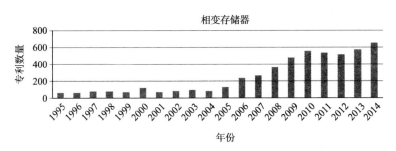

图3.1.2.2 相变存储器（PCM）专利公开量的变化趋势

相变存储器是一种由硫族化合物材料构成的非易失性存储器，它利用材料可逆转的相变来存储信息，具有非易失、工艺尺寸小、存储密度高、循环寿命长、读写速度快、能耗低、抗辐射干扰等优点。相变存储器介质材料在一定条件下会发生从非晶体状态到晶体状态，再返回非晶体状态的变化，在此过程中的非晶体状态和晶体状态呈现出不同的电阻特性和光学特性，因此，可以利用非晶态和晶态来区分"0"和"1"来存储数据。

在国际半导体工业协会（ITRS）对新型存储技术的规划中，已将PCM列入优先实现产业化的名录。作为已进入产业化前期的新型存储技术，相变存储器是近几年发展最为迅速、距离产业化最近、商业化前景最为广泛的新型存储介质之一，也是有可能取代目前的SRAM、DRAM和FLASH等当今主流产品而成为未来商用存储器的主流产品之一。面对以PCM为代表的NVM的快速发展的趋势，其相关研究也已经如火如荼地展开。

由图3.1.2.2可看出，相变存储器技术渐渐成为研究热点，2014年达到650件。作为闪存（特别是NAND Flash）的竞争者具有明显的优势，在40nm工艺制程下已经有产品问世。鉴于RAM等技术在特征尺寸的可扩放性上面临困境，特征尺寸越小，传统存储器存储数据的可靠性和有效时间都会随之变差，因此在特征尺寸扩展到16nm和16nm以下，PCM技术的优势十分明显❶。

目前，该领域领先的机构有美光公司、三星公司、旺宏国际有限公司（Macronix International Co., Ltd.）、欧凡尼克斯公司（Ovonyx Inc）、奇梦达公司（Qimonda AG）、国际商业机器公司、英特尔公司、高智发明、SK海力士公司、东芝公司、博科通讯系统公司、马维尔科技集团有限公司（Marvell Technology Group Ltd.）、意法半导体公司（STMicroelectronics N.V.）、闪迪公司、微软公司、工业技术研究院（Industrial Technology Research Institute）、Conversant知识产权管理公司（Conversant Intellectual Property Management Inc.）、电子和电信研究所（Electronics And Telecommunications Research Institute）、Tessera Technologies公司、爱立信公司。

3.1.2.3 磁性随机存储器（MRAM）

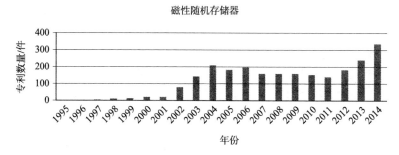

图3.1.2.3 磁性随机存储器（MRAM）专利公开量的变化趋势

磁性随机存储器（又称磁阻内存）技术几乎是和磁盘记录技术同时被提出来。但是相当长的一段时间内，研究人员找不到合适的材料，故而磁场变化带来的电阻变化并不显著，阻碍了该技术的发展。20世纪末的材

---

❶　2015年7月，IBM公布了其在7nm制程上取得重大进展：IBM和GlobalFoundries、三星和半导体设备商等一起推出了唯一一颗可以工作的7nm工艺测试芯片。

料和工艺的进步使得该技术有了突破性的进展，1995年，摩托罗拉公司（该芯片部门现在被飞思卡尔半导体收购）演示了第一个MRAM芯片，并先后生产出256Kb、1Mb和4Mb的芯片原型。图3.1.2.3显示，从2003年开始，磁性随机存储器申请进入快速发展期。

3.1.2.4 自旋转移矩磁性随机存储器(STT-MRAM)

磁性随机存储器（MRAM）的信息读取是检测存储单元的电阻，若存储单元被选通，恒定的小电流从位线经连接线、磁隧道结（Magnetic Tunnel Junction，MTJ）到流过选通的三极管漏极，在磁隧道结两端会产生电位差，根据电位差的大小，可得确定磁隧道结的电阻，从而知道自由层与固定层磁矩之间的相对取向关系。 但是，传统的磁性随机存储器存在如下技术难点：功耗大、写入信息速度较慢、结构复杂、制造费用大、存储密度或存储容量受限等。基于传统的磁性随机存储器技术，自旋转移矩磁性随机存储器（STT-MRAM）技术通过自旋电流实现信息写入，解决上述技术难点，与传统的磁性随机存储器相比，有更好的可扩展性、更低的写信息电流且与更先进的半导体工艺相兼容。因此，我们细化了自旋转移矩磁性随机存储器专利统计信息，如图3.1.2.4显示，从2008年开始，自旋转移矩磁性随机存储器技术专利公开量出现快速增长态势（其中2014年公开数为252件）。这是因为，2007年，磁记录产业巨头IBM公司和日本TDK公司合作开发新一代MRAM，使用了一种称为自旋转移矩（spin-torque-transfer，STT）的新型技术。新型的磁性随机存储器，即STT-MRAM，利用放大了的隧道效应（tunnel effect），使得磁致电阻的变化达到了1倍左右。日本东芝公司于2008年在一枚邮票见方的芯片上做出了1Gb内存，记录密度是DRAM的成百上千倍，速度却比当时的内存技术要快。大密度、快访问、极省电、可复用和不易失是STT-MRAM的五大优点，这使它在各个方面都超过了现有的甚至正在研发的存储技术——闪存太慢、SRAM和DRAM易挥发、铁电存储器FeRAM可重写次数有限、相变存储PCM不易控制温度等。

该领域领先的机构：高通公司、三星公司、T3MEMORY 公司、美光公司、东电化公司（TDK Corporation）、北京航空航天大学、Avalanche 公司、SK海力士公司、国际商业机器公司、瑞萨电子公司（Renesas Electronics Corporation）、延世大学（Yonsei University）、台湾半导体制造有限公司、新加坡科学技术发展研究局、雪崩科技有限公司（Avalanche Technology Inc）、英特尔公司、Globalfoundries公司、汉阳大学（Hanyang University）、MAG IC技术公司、Crossbar公司、霍尼韦尔国际公司（Honeywell International Inc.）。

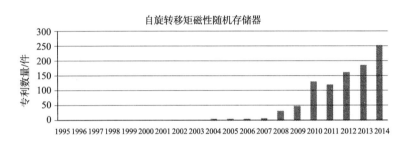

图**3.1.2.4**　自旋转移矩存储器（STT-MRAM）专利公开量的变化趋势

3.1.2.5　铁电随机存储器（FeRAM）

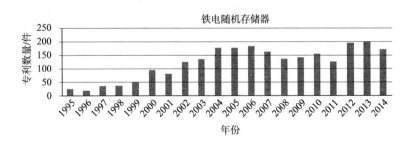

图**3.1.2.5**　铁电随机存储器（FeRAM）专利公开量的变化趋势

铁电随机存储器（Ferroelectric Random Access Memory，FeRAM或FRAM）是一种在断电时不会丢失内容的非易失存储器。铁电随机存储器是利用铁电薄膜材料的极化可随电场反转并在断电时仍可保持的特性，将铁电薄膜与硅基互补金属氧化物半导体（CMOS）工艺集成的存储器。铁电随机存储器具有高速、高密度、低功耗和抗辐射等优点。铁电随机存储器可作为嵌入式存储器应用在智能卡中，也可作为独立式存储器应用在运行环境比较恶劣的各种仪器仪表上，因此铁电随机存储器在航空、交通、金融、电信、办公系统等领域具有广阔的市场前景。从图3.1.2.5看，铁电存储器技术已有多年历史，2002年开始进入比较快速的发展期。从专利申请数看，Ramtron公司、东芝公司、INFINEON公司、Matsushita公司、Symetrix公司、Oki、德州仪器、富士通公司等在该技术领域处于领先地位。中国大陆地区的公开量靠前的为清华大学、复旦大学、浙江大学、南京大学、华中科技大学，中国台湾的旺宏电子股份有限公司（Macronix International Co., Ltd.）等单位。

3.1.2.6　忆电阻（Memristor）

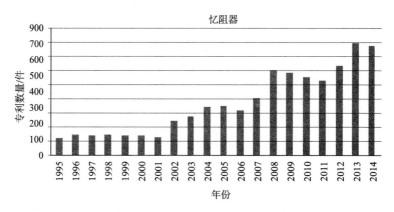

图3.1.2.6　忆阻器（Memristor）专利公开量的变化趋势

忆阻器又称记忆电阻（Memory Resistors）。1971年美国华裔科学家加州大学蔡少棠教授最早提出忆阻器概念，蔡教授推断在电阻、电容和电感之外，还存在第四种基本元件，表征电压和磁通的关系。这种基本元件的效果，就是它的电阻会随着通过的电流量而改变，而且就算电流停止了，它的电阻仍然会停留在之前的值，直到接受到反向的电流它才会被推回去。2008年，惠普公司首次证实了该现象的存在[7]。从此，忆阻器理论重新获得研究界和工业界关注，竞相投入研究。忆阻器在新型非线性电路、存储器、新型逻辑运算器件和新型电子突触器件等领域都有非常广阔的应用前景[8]。从图3.1.2.6可看出，2008年开始，忆阻器技术方向专利公开量快速增长，2014年专利公开数为772件。需要指明的是，虽然惠普公司的研究者认为忆阻器与阻变式存储器（ReRAM）有共性之处，并将ReRAM作为忆阻器在物理界存在的实例，甚至有研究者开始用忆阻器代替ReRAM的概念，但是，忆阻器运行的机制依然不够明确，存在诸多争议，忆阻器材料选择以及结构选择没有明确的理论依据，本书在查询统计中将忆阻器与阻变式存储器分开讨论。国内的华中科技大学、清华大学、西南大学、国防科技大学、中国科学院等单位比较早介入该技术领域研究，国外的惠普实验室、比勒菲尔德大学等单位在该领域具有国际影响力。

目前，该领域领先的机构为：复旦大学、三星公司、Xenogenic公司（Xenogenic Development Limited Liability Company）、惠普公司、夏普公司、半导体制造国际（Semiconductor Manufacturing Int'l）、北京大学、三洋商会（Sanyo Shokai Ltd.）、杭州电子科技大学、西门子公司、小松公司（Komatsu Ltd.）、施耐德电气、Avtokoninvest Ao、摩托罗拉方案解决有限公司（Motorola Solutions Inc）、Intrexon公司、佳世达公司（Qisda Corporation）、奇梦达公司（Qimonda AG）、横河电机（Yokogawa Electric Corporation）、Dongbu公司、新大陆通信公司（Fujian Newland C. S & T Co., Ltd.）。

3.1.2.7　阻变式存储器（ReRAM）

阻变式存储器（Resistive Random Access Memory, ReRAM或RRAM），能够以更小的面积构成NAND（逻辑与非）等逻辑门。逻辑电路普遍使用的NAND门需要4个场效应晶体管（Field EffectTransistor, FET），而惠普公司的研究能够以3个ReRAM元件构成NAND门。如果能够利用与场效应晶体管FET相比结构更简单且容易提高集成度的内存元件来构成逻辑门的话，便有助于逻辑电路减小面积、提高集成度。ReRAM等新型非易失性存储器不仅可推动对闪存的替代，而且还有助于逻辑电路的改善。迄今已提出的具体方案有：①将逻辑电路中的寄存器换成非易失性存储器，在不使用电路时停止电源供应，降低功耗；②以集成度高的非易失性存储元件构成逻辑门，减小逻辑电路的面积；③实现逻辑门根据非易失性存取器的bit状态向NAND及NOR（逻辑或非）等切换的编程电路。

图3.1.2.7显示，从2002年开始，该领域专利申请数存递增趋势，而且，从2009年开始，每年都有大幅度增加。目前，该领域全球领先的机构为：三星公司、美光公司、希捷公司、旺宏国际有限公司（Macronix International Co., Ltd.）、应用材料公司（Applied Materials, Inc.）、Crossbar公司、松下公司、奇梦达公司（Qimonda AG）、Monolithic 3D公司、超级天才电子有限公司（Super Talent Electronics Inc）、东芝公司、富士通公司、Intermolecular公司、Tessera Technologies公司、Xenogenic公司（Xenogenic Development Limited Liability Company）、飞思卡尔半导体、索尼公司、西部数据公司、STS半导体和电信。国内的复旦大学、中国科学院和清华大学等机构在该领域专利申请量较多。

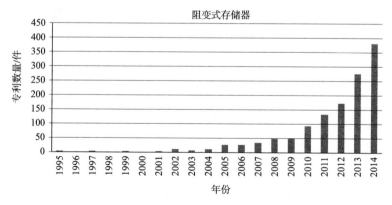

图3.1.2.7 阻变式存储器（ReRAM）专利公开量的变化趋势

3.1.2.8　量子存储器（Quantum Memory）

量子存储器（Quantum Memory）是通过量子逻辑门，储藏、变换、及控制量子信息。图3.1.2.8显示，20世纪90年代开始，量子存储器受到研究者的重视，近两年（2013年、2014年）专利公开量相比以往有较大突破。目前，该领域领先的机构为：东芝公司、国际商业机器公司、三星公司、日立公司、富士通公司、日本电气股份有限公司、高智发明、西门子公司、日本电报电话公司（Nippon Telegraph & Telephone Corp.）、松下公司、亿而得微电子（Yield Microelectronics Corp）、索尼公司、约翰·霍普金斯大学、佐治亚科技研究公司、SK海力士公司、中山大学、阿尔卡特朗讯、飞思卡尔半导体、仁荷工业合作研究所（Inha Ind Partnership Inst Harvard College）。

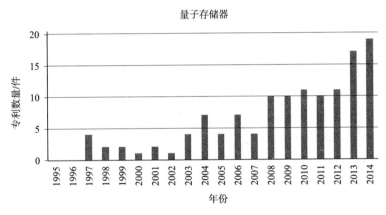

图**3.1.2.8**　量子存储器（**Quantum Memory**）专利公开量的变化趋势

3.1.3　存储级内存（Storage Class Memory）

存储级内存（Storage-Class Memory，SCM）是一种非易失性内存技术，其存取速度能效表现与内存模组一致，但又具有半导体产品的可靠性，且在无须删除（Erase）旧有资料的情况下直接写入。可作为处理器与系统磁盘之间I/O桥梁的新一代组件。存储级内存可由本章所列举的新型非易失性存储器件构成，例如FRAM、MRAM、PRAM、ReRAM等。

图3.1.3.1表明，存储级内存从2008年开始出现专利申请，2012年、2014年是两个专利公开量较多的年份。目前，该领域领先的研发机构为：国际商业机器公司、三星公司、Peromnii公司、日立公司、网存公司、中山大学、推特公司、微软公司、英特尔公司、Coral公司、西部数据公司、美光公司、施乐公司。

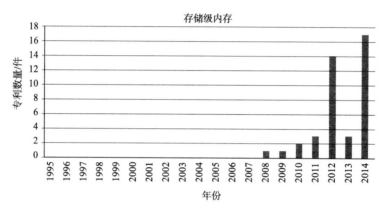

图**3.1.3.1** 存储级内存（**Storage Class Memory**）专利公开量的变化趋势

3.1.4 非易失性双列直插内存模块（NVDIMM）

非易失性双列直插内存模块（Non-Volatile Dual In-line Memory Module, NVDIMM）是一种集成了普通DRAM与非易失性FLASH芯片的内存条。在系统异常掉电时，非易失性双列直插内存模块借助其后备超级电容，在短时间内将数据放入闪存芯片，从而永久保存内存中的数据。相比其他介质的非易失性存储器，非易失性双列直插内存模块技术已逐步进入主流服务器市场，美光公司、亿展科技有限公司（Viking）、赛普拉斯半导体有限公司（Cypress Semiconductor）的子公司AgigA Tech公司等国外内存厂商皆推出自己的非易失性双列直插内存模块技术。

从图3.1.4.1可看出，非易失性双列直插内存模块技术方向的专利申请数很少，2012年1件，2014年4件，这与该技术是现阶段一种提高可靠性的过渡技术有关，而且相比新型非易失性存储器，非易失性双列直插内存模块技术具有能耗高等缺点。

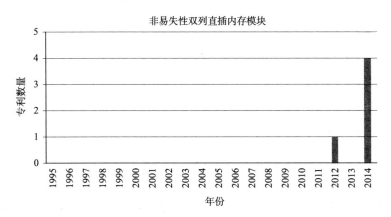

图3.1.4.1 非易失性双列直插内存模块（NVDIMM）专利公开量的变化趋势

3.2 存储设备

3.2.1 磁盘

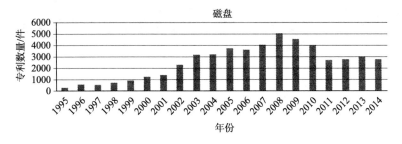

图3.2.1.1 磁盘专利公开量的变化趋势

从1956年IBM公司向客户交付第一台磁盘驱动器RAMAC 305至今，磁盘技术发展已近60年的历史。诸多公司，如IBM、希捷、西部数据、Rodime、Control Data、Compaq Computer、Quantum、Prairie Tek、

Connor、Tandon、Integral Peripherals、惠普、Maxtor、日立、东芝、Cornice等先后在该领域投入大量的资金和人员做技术开发。从图3.2.1.1可看出，磁盘技术方向的专利从2002年开始出现快速增长，2008年，磁盘技术方向专利公开量达到顶峰（5045件），近几年专利公开量处于下降的态势。

磁盘设备相关技术领先的厂商如下：西部数据公司、三星公司、索尼公司、东电化公司（TDK Corporation，日本磁性材料"铁氧体"工业化生产商）、希捷公司、日立公司、松下公司、东芝公司、佳能公司、国际商业机器公司、精工控股公司、富士通公司、日本电气股份有限公司、国际自动机工程师学会（SAE International）、美蓓亚有限公司（Minebea Co., Ltd.）、三星电机有限公司（Samsung Electro-Mechanics Co., Ltd.）、德克萨斯仪器公司、豪雅株式会社（Hoya Corporation）、大日本印刷株式会社（Dai Nippon Printing Co., Ltd.）、马维尔科技集团有限公司。

3.2.2 磁带

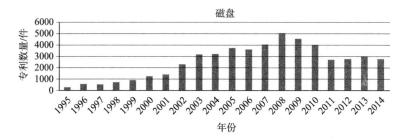

图3.2.2.1 磁带专利公开量的变化趋势

磁带是一种用于记录声音、图像、数字或其他信号的载有磁层的带状材料，是产量最大和用途最广的一种磁记录材料。通常是在塑料薄膜带基（支持体）上涂覆一层颗粒状磁性材料或蒸发沉积上一层磁性氧化物或合金薄膜而成。最早曾使用纸和赛璐珞等作带基，现在主要用强度高、稳定性好和不易变形的聚酯薄膜。从图3.2.2.1可看出，2008年该技术方向申请专利832件，目前磁带技术仍处于平稳的发展态势。

磁带设备相关技术领先的厂商如下：松下公司、索尼公司、日立公司、富士胶卷控股公司、建伍控股株式会社（JVC KENWOOD Holdings Inc）、三菱电机公司、东芝公司、日本电气股份有限公司、富士通公司、佳能公司、国际商业机器公司、夏普公司、皇家飞利浦公司（Koninklijke Philips NV）、东电化公司、先锋公司（Pioneer Corporation）、三星公司、甲骨文公司、奥林巴斯株式会社（Olympus Corporation）、安派克斯公司（Ampex Corporation）、阿尔卑斯电气有限公司（Alps Electric Co., Ltd.）。

3.2.3 光盘

3.2.3.1 光盘

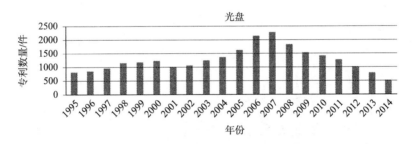

图3.2.3.1 光盘专利公开量的变化趋势

光盘分不可擦写光盘，如CD-ROM、DVD-ROM等；可擦写光盘，如CD-RW、DVD-RAM等。光盘是利用激光原理和技术进行读、写的设备，是一种辅助存储器，可以存放文字、声音、图形、图像和动画等多媒体数字信息。从图3.2.3.1可看出，2007年数量为2264件，达到顶峰，从2007年以后，该技术方向专利数量每年呈现大幅减少的趋势。

光盘设备相关技术领先的厂商如下：索尼公司、松下公司、日立公司、东芝公司、三星公司、LG电子有限公司、希捷公司、富士通公司、皇家飞利浦公司、先锋公司、理光公司、建伍控股株式会社（JVC KENWOOD Holdings Inc）、日本电气股份有限公司、三菱电机公司、西门子公司、佳能公司、达姆施塔特公司（Zeppelin Stiftung）、富士胶卷控股公司、国际商业机器公司、Technicolor公司。

3.2.3.2 磁光盘

磁光盘（Magneto-optical Disc）由对温度敏感的磁性材料制成，是传统的磁盘技术与现代的光学技术结合的产物，它的读取方式是基于克尔效应（Kerr Effect）。磁光盘驱动器采用光磁结合的方式来实现数据的重复写入，磁光盘盘片大小类似三寸软盘，可重复读写一千万次以上。磁光盘的读写速度比不上硬盘，但保存寿命可长至50年以上。图3.2.3.2显示，从1996年专利公开量最高峰开始，磁光盘方面的专利申请呈逐年下降趋势，显示出该技术领域的研究人员参与愈来愈少，该技术应用前景不被看好。

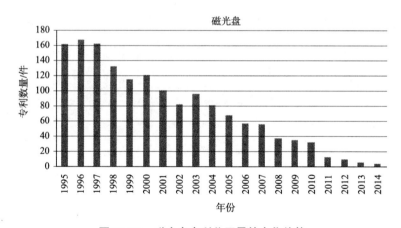

图3.2.3.2　磁光盘专利公开量的变化趋势

磁光盘设备相关技术领先的厂商如下：索尼公司、希捷公司、光谱逻辑公司（Spectra Logic Corporation）、精工控股公司、目标技术公司有限责任公司（Target Technology Company, LLC.）、休伦咨询集团（Huron Consulting Group）、高智发明、佳能公司、英特尔公司、华盛顿大学、先锋公司、松下公司、富士通公司、柯达公司、OSI Systems, Inc.、蓝穗公司（Blue Spike, Inc.）、豪雅公司（Hoya Corporation）、永泰控股有限公司（Wing Tai Holdings Limited）、杜比公司（Dolby Laboratories, Inc.）等。

3.2.4 固态盘

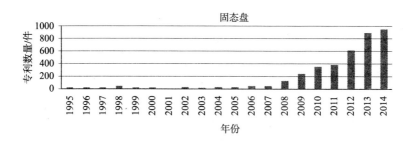

图3.2.4.1　固态盘专利公开量的变化趋势

相比传统磁盘，固态盘的体积小，不怕震，更抗摔（磁盘容易受强烈震动影响）；可以提供更快的数据读取速度（磁盘则受到转速的限制）；固态盘质量更轻。随着闪存（Flash Memory）、相变存储器（PRAM）等技术的发展，固态盘逐渐成为现在的主要外存储设备之一，并且正在逐步取代传统的机械硬盘，被广泛用于军事、航天、消费电子、企业级存储系统等领域。图3.2.4.1表明，从2007年开始，固态盘技术得到广泛关注，2009年开始专利公开量急剧增加。

固态盘设备相关技术领先的厂商如下：三星公司、记忆科技有限公司、华为公司、安捷伦科技有限公司、国际商业机器公司、英特尔公司、鸿海精密工业股份有限公司、永续科技股份有限公司（Evertechno Company Limited）、华中科技大学、浪潮集团、惠普公司、超级天才电子有限公司、马维尔科技集团有限公司、STS半导体和电信、美光公司、东芝公司、高智发明公司、联想公司、日立公司、微软公司。

3.2.5　玻璃存储技术

人类历史上曾用竹器、石器、金属来存储数据，现代出现了光盘、移动硬盘等来存储数据，但"时间"对所有存储设备的物品都颇具"杀伤力"：世界上每天所产生的数据量在爆炸性增长，就永久性存储技术而言，从刻竹器、石器记录到现在的光盘、磁盘等记录信息，信息保存的时长仍需提升，以避免丢失信息。

玻璃存储是利用激光让石英玻璃块中的原子重新排列，让玻璃"变身"为新式存储器。其基本原理是，首先让一束激光聚焦，随后将名为三维像素（voxels）的小点铭刻进纯净的石英玻璃内，使玻璃变得有点模糊，光通过玻璃时会发生极化。极化过程改变了光通过玻璃的方式，制造出了极光漩涡，以此将信息记录于玻璃内。玻璃存储器内的信息阅读方式与光纤内数据的阅读方式一样，而且，其中存储的数据也可以利用激光进行清除、重写等操作。研究表明，与现在广泛使用的硬盘、光盘存储器相比，石英玻璃耐高温、耐磨损、抗氧化，因此，玻璃存储器更稳定、更耐用。现在的硬盘存储器的寿命仅为几十年，且很容易被高温和湿气破坏；玻璃存储器能耐受983℃的高温，即使在水中也不会遭受任何破坏，信息可以在里面理论上安全存储几千年。

在玻璃存储技术领域，虽然参与的研究人员也属于"小众"，但是，图3.2.5.1显示，每年的专利公开量都比较接近，表示对该技术前景，仍有部分研究人员看好。

玻璃存储设备相关技术领先的厂商如下：半导体能源实验室、Memjet IP控股有限公司、美光公司、国际商业机器公司、电子科学工业公司、高通公司、高智发明公司、尼康公司、柯达公司、利特尔公司、卡特公司、力克萨公司、台湾半导体制造有限公司、普林斯顿大学、哥伦比亚大学、索尼公司、日立公司、德国电信、日本电气股份有限公司、应用材料公司。

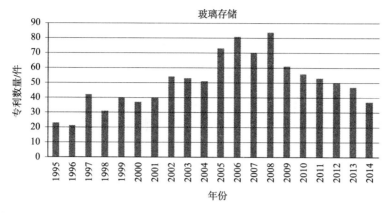

图3.2.5.1　玻璃存储设备专利公开量的变化趋势

3.3　存储系统

计算机的主存储器不能同时满足快速、大容量和低成本的要求，在计算机中必须有速度由慢到快、容量由大到小的多级层次存储器，以最优的控制调度算法和合理的成本，构成具有性能可接受的存储系统。存储系统的性能在计算机系统中一直受到关注，主要原因是：①冯诺伊曼体系结构是基于存储程序的基础上，访存操作约占中央处理器（CPU）时间的70%左右；②存储管理与组织的好坏影响到整机效率；③大数据处理，如图像处理、数据库、知识库、语音识别、多媒体等对存储系统的性能要求越来越高。

3.3.1　盘阵列

独立冗余磁盘阵列（RAID，Redundant Array of Independent Disks），简称磁盘阵列，旧称廉价磁盘冗余阵列（Redundant Array of Inexpensive Disks）。根据组织方式磁盘阵列有RAID0到RAID6等7种基本模式，同时还有这七种基本模式的混合模式如RAID7、RAID10/01、RAID50、RAID53等。RAID技术相较于单个硬盘来说，具有一定的容错功能，容量大大的增加了，处理速度也有所提升。随着大数据概念的普及，RAID因其大容量高速度的定位使其应用越来越广。同时由于固态盘（SSD）的出现，RAID也不单单由传统的纯硬盘组成，在RAID中加入SSD能显著的提高RAID的性能，而高端盘阵列更是全由闪存组成。本书将磁盘或固态盘按阵列（Array）方式组织起来，统称盘阵列（Disk Array）。图3.3.1.1可看出，自20世纪90年代至今，盘阵列的专利数量便一直稳步增加，近十年仍处于快速增长期，这与不断增长的数据存储需求，以及大数据概念的兴起等有一定的关系。

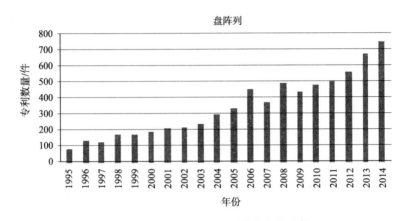

图3.3.1.1　盘阵列专利公开量的变化趋势

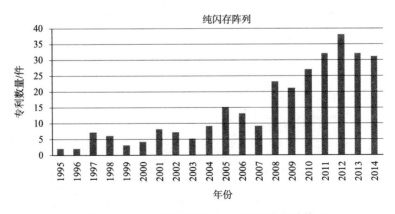

图3.3.1.2　纯闪存阵列专利公开量的变化趋势

纯闪存阵列是闪存技术发展的产物，磁盘阵列从全磁盘到磁盘与固态盘结合的混合形式，再到全闪存构成，这与闪存技术逐渐成熟有着密切的关系。相较于传统的磁盘阵列，纯闪存阵列有更高IOPS（Input/Output Operations Per Second），即每秒进行读写（I/O）操作的次数，时延从毫秒进入了微秒时代，同时纯闪存阵列更小巧，更高效，可以明显地降低空间的占用和电力的消耗，显著地降低数据中心的运维成本。从图3.3.1.2可以看出纯闪存阵列相关专利数从2007年以后明显上升，而2007年左右恰好是闪存固态盘兴起的时间，之后纯闪存阵列专利数也在稳步上升。

3.3.2 文件系统

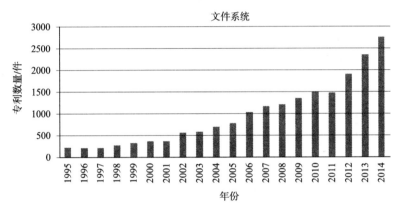

图3.3.2.1 文件系统专利公开量的变化趋势

文件系统是计算机组织和管理存储设备中数据的一种机制，它向用户提供一种访问底层的途径，使得用户对数据的查找和访问更加便利。文件系统一般采用文件和树形目录的逻辑概念，提供用户保存数据的方式，但用户不用知道数据是如何存储、存储到存储介质的哪个物理地址上。常见的文件系统主要有传统的磁盘文件系统和网络文件系统等，随着闪存等新型存储器的出现和广泛应用，大量闪存文件系统也随之发展壮大。从图3.3.2.1可以看出，文件系统的专利数逐年稳步上升。

3.3.3 对象存储

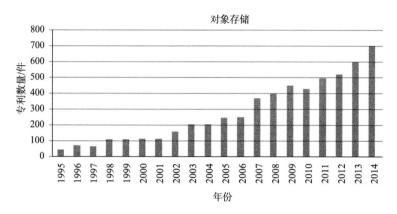

图3.3.3.1 对象存储专利公开量的变化趋势

对象存储是继块、文件之后的一种新的存储模式，对象是基本的存储单元，一个对象包含数据和数据的相关属性，数据在存储的时候，作为一个对象，系统会有一个对象标识（Object identifier，OID），用户通过OID来对数据进行相关访问，而不用管对象存在哪、如何存。与传统的基于文件的存储不同的是，对象存储将相关的存储管理工作从主机端移动到了存储设备端，称为对象存储设备（OSD）。对象存储系统中另一个重要的组件是元数据服务器，用户要读写数据时，会通过文件系统先向元数据服务器发出请求，获取数据所在的OSD，然后向OSD发送数据请求，OSD在认证后会将对象数据发送给用户。对象存储系统综合了NAS和SAN的优点，有SAN的高速访问和NAS数据共享，支持高并行性，可伸缩的数据访问，管理性好，安全性高，目前正在发展中。从图3.3.3.1中看出，对象存储方面的专利公开量一直呈快速增长之势。

3.4 存储软件及技术

大量的数据存储在存储器上，针对不同的数据，不同的存储系统，相关的数据管理方式也是不同的。数据在存储和传输的过程中，需要对数据进行校验，最大程度地增强相应的容错能力，相关的安全问题也需要重视，包括存储设备的可信性，数据的访问权限，用户的认证等；随着数据的传播，存储系统会保存较多的数据副本或者数据的冗余，这时为了节约存储系统的空间和加快传输速度，数据去重也是一个重要的方向；数据在存储的时候会遇到各种特殊情况，如人为的误操作、存储设备的故障、不可避免的自然灾害等，都有可能导致数据破坏或丢失，因此，系统还需要具备相应的数据备份和灾难恢复能力。

围绕上述需求，出现多种存储相关技术及软件。以下将选取部分典型的存储相关软件，分别按对应关键词查询并分析其专利公开量的变化趋势。

3.4.1　存储容错

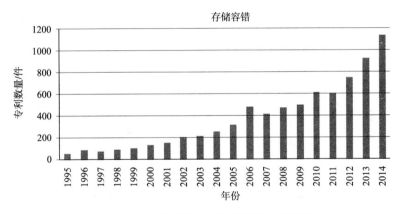

图3.4.1.1　存储容错专利公开量的变化趋势

容错就是当系统由于种种原因出现了数据、文件损坏或丢失时，能够自动地将这些损坏或丢失的文件和数据恢复到发生事故以前的状态，使系统能够连续正常运行的一种技术。数据在传输和存储的过程中由于不同原因导致会出现各种错误，为了避免和减少这些错误的发生，增加系统的可靠性，由此出现了存储容错机制。容错技术一般利用冗余硬件交叉检测操作结果。常见的存储容错技术有双重文件分配表和目录表技术、快速磁盘检修技术、磁盘镜像技术、双工磁盘技术等。存储容错系统实现存储级的高可用性，一般可在两套存储间自动持续复制数据，实现存储镜像及数据的实时同步；在主存储节点故障时，容错存储系统可自动将数据访问路径导向备用存储节点，从而保障系统可持续访问存储设备。从图3.4.1.1可以看出，存储容错方面的专利，总体上呈大幅上升趋势，到2014年达到顶峰（1134件）。

究其原因，一方面，由于数据爆炸增长，导致存储规模越来越大，从而使得可靠性问题严峻，新的容错技术不断出现；另一方面，也反映了人们对数据的重视程度，寄希望于通过各种措施保障数据万无一失的存储。

3.4.2 数据去重

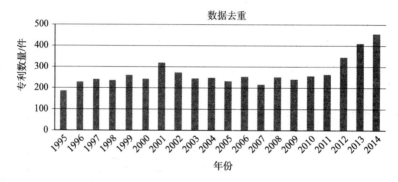

图3.4.2.1 数据去重专利公开量的变化趋势

数据去重，即重复数据删除，目的是节省存储空间和节省传输带宽需求。一般应用于数据备份系统，在数据备份的过程中会存在大量的冗余数据，数据去重的雏形便是差量备份，即每次只备份改变了的数据。数据去重主要的工作方式是通过查找不同文件中不同位置的重复可变大小数据块，重复的数据块用指示符取代。按照处理时间可分为两种：一种是在线去重，指的是在数据存储到存储设备上的同时进行重复数据删除流程，在数据存储到硬盘之前，重复数据已经被去除掉了；另一种是后去重，指的是数据在写到存储设备的同时不进行重删处理，先把原始数据写到硬盘上，随后启动后台进程对这些原始数据进行重删处理。与在线去重相比较，后去重需要更高的硬盘性能，需要更多的硬盘数量。但是在线去重会耗费更多的备份时间。从图3.4.2.1可看出，数据去重技术方向，一直为研究热点之一，近两年（2013年、2014年）专利公开量呈大幅增加趋势。

3.4.3 存储能效

随着大数据时代的到来，一方面围绕大数据相关的专利数据急剧增加；另一方面，随着数据量的爆发式增长，信息存储需要的服务器也在逐年增加，与此同时，为了照顾用户的习惯，服务器还需要保存用户很久之前的数据，这样数据存储的规模也是越来越大。存储能耗问题逐渐出现在人们的视野中，对于一些大型机构的数据中心，存储能耗问题更是日益凸显。由于数据中心的特殊性，服务器需要24小时提供服务，耗电量是巨大的，同时服务器在运行过程中会产生大量的热量，这些热量也需要及时被吸收或冷却，这也是能耗需要考虑的重要因素。图3.4.3.1表明，能耗方面越来越受信息存储领域研究人员的重视，一直是研究热点，2013年申请数是顶峰（374件）。

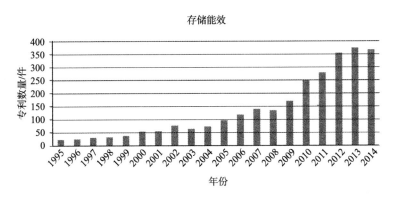

图3.4.3.1 存储能效专利公开量的变化趋势

3.4.4 云存储

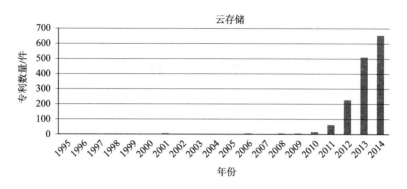

图3.4.4.1 云存储专利公开量的变化趋势

云存储是一种网络在线存储模式，是云计算的一种应用表现。通常将数据存储在由第三方（提供商）提供的多台虚拟服务器上。云存储的核心技术之一便是存储设备的虚拟化，通过将多台设备组合，形成一个虚拟资源池，用户根据自己的需要，向运营商购买相关服务。用户存取数据时不用关心具体存在哪一个服务节点上。云存储的主要优点便是按需分配，同时对于企业来说，不需要在自己的数据中心或办公室里安装实体的存储设备，大大减少 IT 和管理的成本。日常维护工作，如备份、数据复制或是增加存储设备添购等工作，都转移给托管的服务提供商，让企业可以更专注在自己的核心业务上。当然云存储的一个明显的问题便是安全和隐私问题，这也是目前面对的最实际的问题。图3.4.4.1表明，云存储技术方向专利申请数从2012年开始，每年专利公开量在其前年的基础上增加200件以上，2014年达到654件。

3.4.5 数据安全共享

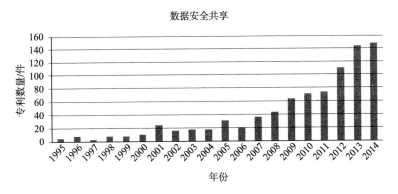

图3.4.5.1 数据安全共享专利公开量的变化趋势

数据安全共享问题IT领域都必须面对的问题。通常来说，加密和认证是数据安全共享的基础，在数据传输过程中，先将文件变为乱码（用加密算法加密），再将乱码重新恢复（解密），同时还要验证相关的权限。图3.4.5.1表明，数据安全共享技术方向已成为人们重点关注的技术之一，2014年专利公开量出现突发增长（148件）。

3.4.6 存储虚拟化

存储虚拟化（Storage Virtualization）是对存储硬件资源进行抽象化表现，通过逻辑方式管理磁盘、控制器和存储网络等存储部件从而形成存储资源池，最大程度隐藏其底层存储部件的复杂性，实现更简化的管理、更有效的资源共享和满足更高的应用需求。全球网络存储工业协会（Storage Networking Industry Association，简称SNIA）对存储虚拟化给出两种定义。

（1）通过将多个存储服务或存储设备集成，以提供统一的存储设备或者存储服务，屏蔽系统的复杂性，以及增加底层存储设备所不具有的新功能。

（2）通过从应用、主机、一般网络资源中抽象、隐藏、隔离存储系统或者存储服务的内部功能，实现和应用、网络无关的存储管理。将存储资源的逻辑映像与物理存储分开，从而为系统和管理员提供一幅简化、无缝的存储资源虚拟视图。

存储虚拟化一般作用在一个或者多个实体上的，而这些实体则是用来提供存储资源及服务。对于用户来说，虚拟化的存储资源就像是一个巨大的"存储池"，用户不会看到具体的存储介质，如磁盘、磁带、光盘、固态盘，也不用关心用户的数据经过哪一条路径通往哪一个具体的存储设备或存储系统。从管理的角度来看，存储虚拟化是采取集中化的存储管理，并根据具体的需求把存储资源动态地分配给各个应用。存储虚拟化应用广泛，例如，存储区域网（Storage Area Network，SAN）利用存储虚拟化技术，通过高速网络或子网络，提供计算机与存储系统之间的块级数据传输，从而保证数据传输的安全性和性能。利用存储虚拟化技术，可以将磁盘阵列模拟为磁带库，为应用提供速度像磁盘一样快、容量却像磁带库一样大的存储资源，即虚拟磁带库（VTL，Virtual Tape Library）。逻辑卷管理器（Logical Volume Manager，LVM）也采用了存储虚拟化技术，只要将硬盘配置成LVM卷，需要变更时，系统存储空间的扩大、缩小和移动等都非常灵活，此外，LVM还支持快照功能。I/O（输入/输出）虚拟化包括管理虚拟设备和共享的物理硬件之间I/O请求的路由选择，实现I/O虚拟化有如下三种方式：全设备模拟、半虚拟化和直接I/O。全设备模拟是实现I/O虚拟化的一种方式，该方法可以模拟一些知名的真实设备，一个设备的所有功能或总线结构（如设备枚举、识别、中断和DMA）都可以在软件中复制，该软件作为虚拟设备处于VMM（Virtual Machine Monitor，VMM）虚拟机中，客户操作系统的I/O访问请求会陷入到VMM中，与I/O设备交互。

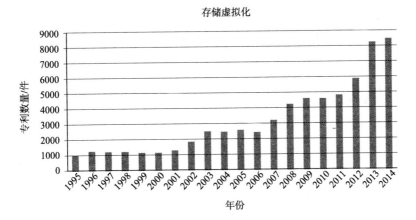

图3.4.6.1　存储虚拟化专利公开量的变化趋势

图3.4.6.1显示，1995年至2001年，存储虚拟化方面，每年专利公开量为1000件以上，2003年至2006年每年专利公开量为2000件以上，2007年以后专利年公开年明显增长，特别是2013年和2014年年公开量超过了8000件。

第4章 信息存储技术竞争态势分析

4.1 存储系统领域典型公司分析

4.1.1 国际商业机器公司（IBM）专利情况

国际商业机器公司，简称IBM（International Business Machines Corporation），总公司在纽约州，1911年创立于美国，是全球著名的信息技术和业务解决方案商，业务遍及160多个国家和地区。该公司创立时的主要业务为商用打字机，后转为文字处理机，然后到计算机和有关的服务。截至2014年12月，该公司在全球拥有296家子公司。

4.1.1.1 信息存储技术IBM专利公开量总体态势分析

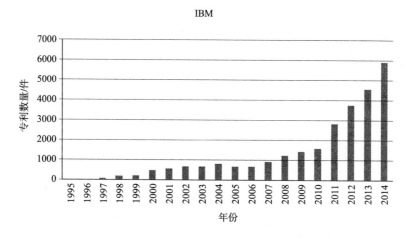

图4.1.1.1　1995~2014年IBM公司信息存储技术专利公开量的变化趋势

从图4.1.1.1可看出，IBM公司在20世纪90年代中期，专利公开量比较平稳，在20世纪末开始，IBM公司每年的专利公开量逐年增加，并从2011年开始，呈现加速发展的态势。2014年更是达到年专利公开量5918件，在存储领域处于绝对领先优势。（备注：2014年IBM专利公开量为15485件。）

4.1.1.2信息存储技术IBM核心专利分析

本书核心专利的遴选是通过专利引文分析、专利家族分析和专利指定有效国分析等得到的，请参考本书第一章检索说明。本小节以IBM申请的专利"Access control of shared storage device e.g. disk drive storage array in multi host computing environment, involves granting access of storage device to computer, based on local configuration between computer and device"（WO200120470-A1、AU200064946-A、US6343324-B1、EP1221100-A1、CN1373874-A、JP2003509773-W、CN1168020-C）为例，介绍"施引专利"。在德温特库中，"施引专利"为零表示当前数据库包含的专利未引用此专利家族的成员，本书为了方便理解，后文中将"施引专利数"用"被引次数"描述；如果某个专利在进行专利申请时，申请书中注明对其他在先文献的参考和引用情况，后文中将用"前向引用"描述。

IBM公司通过PCT申请该专利，优先权日是1999年9月13日，该专利指定国家（地区）/区域❶为：

WO200120470-A1——国家（地区）：AE; AG; AL; AM; AT; AU; AZ; BA; BB; BG; BR; BY; BZ; CA; CH; CN; CR; CU; CZ; DE; DK; DM; DZ; EE; ES; FI; GB; GD; GE; GH; GM; HR; HU; ID; IL; IN; IS; JP; KE; KG; KP; KR; KZ; LC; LK; LR; LS; LT; LU; LV; MA; MD; MG; MK; MN; MW; MX; MZ; NO; NZ; PL; PT; RO; RU; SD; SE; SG; SI; SK; SL; TJ; TM; TR; TT; TZ; UA;

---

❶ 附录2给出了国家（地区）标准代码对照。

UG; UZ; VN; YU; ZA; ZW; （区域性合作）：AT; BE; CH; CY; DE; DK; EA; ES; FI; FR; GB; GH; GM; GR; IE; IT; KE; LS; LU; MC; MW; MZ; NL; OA; PT; SD; SE; SL; SZ; TZ; UG; ZW。

EP1221100-A1——区域性合作: AL; AT; BE; CH; CY; DE; DK; ES; FI; FR; GB; GR; IE; IT; LI; LT; LU; LV; MC; MK; NL; PT; RO; SI。

该专利进入指定国家和区域有澳大利亚、欧洲、中国和日本。在中国，IBM公司于2000年7月26日向国家知识产权局提交申请，获得的申请号为CN00812798，2002年10月9日，国家知识产权局公布［公开（公告）号为CN1373874A］其英文标题为"System and method for host volume mapping for shared storage volumes in multi-host computing environment"，中文标题为"在多主机计算环境中用于共享存储卷的主机卷映射系统和方法"；2004年9月22日，该专利获得国家知识产权局授权（公开（公告）号为CN1168020C），其获得中国专利局授权时的英文标题为"System and method for control of hardware access"，即"控制计算机对硬件装置访问的系统和方法"。专利CN00812798的摘要附图如图4.1.1.2所示。

该专利提供一种结构和方法，用于在有多个主计算机的计算机系统和网络中控制对共享存储装置（如盘驱动器存储器阵列）的访问。提出一种方法用于在有多个计算机和至少一个硬件装置与这多个计算机相连的计算机系统中控制对该硬件装置的访问。该方法包括如下步骤：使局部唯一标识符与这多个计算机中的每一个相关联；在存储器中定义一个数据结构，用于根据局部唯一标识符标识该计算机中哪一些可被允许访问该装置；查询该数据结构以确定这些计算机中发请求的一个是否应被允许访问该硬件装置。该专利给出的一个实施例中，在存储器中定义数据结构的过程包括：在该存储器中定义一个主计算机标识符（ID）映射数据结构；在该存储器中定义一个包含多个端口映射表条目的端口映射表数据结构；在该存储器中定义一个主机标识符列表数据结构；在该存储器中定义一个卷许可表数据结构；以及在该存储器中定义一个卷号表数据结构。

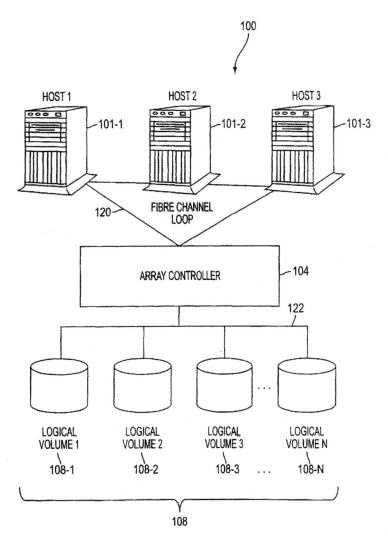

图4.1.1.2　专利CN00812798的摘要附图

　　该专利优点：避免在大容量的存储设备中写溢出。该专利关键点是通过为每一台电脑分配的标识符和数据结构实现对存储设备的数据访问控制，避免大容量存储设备的操作混乱。有利于提高数据操作的有序性和高效性。

　　表4.1.1.1以IBM公司核心专利WO200120470-A1施引为例，给出了核心专利遴选途径之一是看"施引专利"数目。表4.1.1.1列出了专利WO200120470-A 被345个专利引用，其中，"专利权人代码"表示引用该专利的专利权人在德温特库中的代码，括号中的"引用数"表示该专利权人有多少个专利引用了专利WO200120470-A1。"IBMC-C"是国际商业机器公司IBM在DII数据库中的专利代码，可看出国际商业机器公司IBM自引该专利20次。

表4.1.1.1　IBM公司核心专利WO200120470-A1施引示例❶

专利权人代码 （引用数）	专利权人代码 （引用数）	专利权人代码 （引用数）
COMM-N (121)	NIDE-C (4)	ACKE-I (2)
KOTT-I (47)	PAWA-I (4)	AHNJ-I (2)
HITA-C (44)	TYAG-I (4)	BLAC-I (2)
QLOG-N (42)	VARA-I (4)	CABL-N (2)
PRAH-I (38)	WANG-I (4)	CHUK-I (2)
GOKH-I (37)	ATHO-N (3)	CISC-C (2)
ECEM-C (22)	ATTA-I (3)	CROS-N (2)
MULL-I (21)	BLUM-I (3)	DATA-N (2)
IBMC-C (20)	BUNT-I (3)	FUJI-I (2)
DROP-I (19)	CATH-C (3)	FULL-I (2)
NEXT-N (19)	DELD-C (3)	GAND-I (2)
KAVU-I (17)	DEME-I (3)	GRAV-I (2)
HEWP-C (16)	DEVA-I (3)	GUTT-I (2)
BROC-I (13)	EMUL-N (3)	HASE-I (2)
AMAR-I (12)	FFIV-N (3)	HASH-I (2)
NGOD-I (12)	FITZ-I (3)	ICHI-I (2)
VIJA-I (12)	FUIT-C (3)	IGAR-I (2)
MAYA-I (9)	GUST-I (3)	ITOR-I (2)

---

　　❶ 授权人代码后面的辅助代码说明："-C"表示标准公司，"-N"表示非标准公司，"-I"表示私人公司。

专利权人代码 （引用数）	专利权人代码 （引用数）	专利权人代码 （引用数）
PAPE-I (9)	HARE-I (3)	JOYN-I (2)
LUJJ-I (8)	KHAN-I (3)	KAMI-I (2)
RETN-I (8)	MADE-I (3)	KIMU-I (2)
SCHW-I (8)	MEDI-I (3)	KLOS-I (2)
EROF-I (6)	MICT-C (3)	KOBA-I (2)
FIKE-I (6)	MIKU-I (3)	KOCH-I (2)
KUMA-I (6)	PAGA-I (3)	LOCK-I (2)
VERB-I (6)	PEKK-I (3)	LUND-I (2)
BETK-I (5)	PETT-I (3)	LUTZ-I (2)
CHEN-I (5)	REDD-I (3)	LUYY-I (2)
IGNA-I (5)	SUNM-C (3)	MADD-I (2)
KOHL-I (5)	UTLE-I (3)	MATS-I (2)
LSIL-C (5)	WALK-I (3)	MESS-I (2)
ROSS-I (5)	YAGI-I (3)	MIMA-I (2)
WENW-I (5)	YAMA-I (3)	MURA-I (2)
KANE-I (4)		

　　表4.1.1.2列出了IBM公司在系统、设备和器件等方面的部分核心专利。从表4.1.1.2可看出：IBM公司申请的专利方向比较广，涉及存储系统的方方面面，如存储介质（近年主要关注RAM）、Cache算法、存储虚拟化、文件系统、重复数据删除、锁机制、编码、RAID、快照、监控等。

表4.1.1.2　IBM公司信息存储技术部分核心专利列表

序号	专利公开号	标题	前向引用	被引用数
1	US8423514	服务提供	12	255
2	US7987453	使用硬件辅助线程栈对符号数据进行追踪和编目以实现自动确定计算机程序流程的方法和设备	8	89
3	US8726274	集群感知虚拟I/O服务节点的注册与初始化	3	59

序号	专利公开号	标题	前向引用	被引用数
4	US8250396	数据处理系统中的硬件启动与运行机制	12	213
5	US8127080	带系统地址总线事物控制的启动与运行机制	18	207
6	US8117403	使用辅助线程与地址历史表的事务处理内存系统	5	85
7	US8321637	事务型内存优化的计算系统	3	53
8	US8479216	事件驱动系统的分布式负载分配方法，使用在物理连接节点间和负载交换协议上的本地迁移，以阻止多个任务与相同节点间的同步迁移	4	40
9	US7987384	用于无处理器内核恢复的cache错误处理的方法、系统和计算机程序产品	6	25
10	US8229897	在信息生命周期管理环境中将文件恢复到正确的存储层	18	22
11	US8176489	带读修改与RCU(read copy update)保护数据结构的RCU回滚的使用	7	27
12	US8005272	用于实施增强型脸部识别子系统以捕获脸部术语表数据的数字生活记录器	8	61
13	US8438658	在数据处理设备中提供封装存储	2	13
14	US8543800	分层服务启动序列	3	14
15	US7921261	保留全球地址空间	9	20
16	US7865844	修改图形用户界面组件属性的方法和系统	5	28
17	US7904747	将数据恢复到分布式存储节点	3	19
18	US7849298	通过保存与恢复软处理器/系统状态增强处理器虚拟机制	7	39
19	US8135985	虚拟机高可用性支持	6	21
20	US20100083139	虚拟世界化身伙伴	8	28
21	US7870566	无程序间集成支持的操作系统应用集成	5	14
22	US8495412	第一虚拟I/O服务器(vios)检测到错误状态而导致的虚拟I/O(vio)操作向第二虚拟I/O服务器的自动传播	4	19
23	US8924367	逻辑数据对象转换、存储的方法和系统	0	145
24	US8396989	云计算环境下的资源计划安排和数据交换功能	3	14

续表

序号	专利公开号	标题	前向引用	被引用数
25	US20100332968	事件和事件句柄间连接的无运行时结构的类属说明	7	26
26	US8612785	网络计算环境中负载处理的能耗优化	4	18
27	US8219989	分区加非本地设备驱动器以促进对物理I/O设备的访问	7	50
28	US8219988	数据处理系统分区助手	7	50
29	US8607020	带超级管理器分页管理的共享内存划分数据处理系统	3	57
30	US8694995	应用程序初始化资源谈判以满足虚拟计算环境性能参数	2	96
31	US7831977	虚拟机或逻辑分区环境中的共享文件系统高速缓存	12	16
32	US7739434	执行配置虚拟拓扑变化和指令	11	33
33	US7734900	计算机配置虚拟拓扑发现与指令	6	25
34	US8301815	执行指令以配置虚拟拓扑变化	4	38
35	US8352940	虚拟I/O服务器管理接口的虚拟集群代理	3	14
36	US8495412	第一虚拟I/O服务器(vios)检测到错误状态而导致的虚拟I/O(vio)操作向第二虚拟I/O服务器的自动传播	4	19
37	US8458714	管理计算环境中逻辑处理器的方法、系统和程序产品	1	97
38	US8135985	虚拟机高可用性支持	6	21
39	US7937616	集群可用性管理	5	55
40	US8862852	选择性地向一个或多个计算设备提供信息的设备和方法	1	19
41	US8347307	虚拟计算环境中成本规避的方法和系统	4	17
42	US8112748	为远程计算机网络访问配备的软件操作方法	7	19
43	US7827613	在新的JAVA运行库中支持数字版权管理的系统和方法	10	21
44	US8375127	使用虚拟统一资源定位符实现负载均衡的方法和系统	1	34
45	US8762525	资源过载系统中的风险管理	2	26
46	US8799892	虚拟实际内存环境中的选择性内存捐赠	1	31

序号	专利公开号	标题	前向引用	被引用数
47	US8572612	云计算环境下虚拟机的自动扩展	6	47
48	US8429651	虚拟机和与之相连存储计算网络的实时与近似实时迁移的实现与加速	5	17
49	US8132162	应用程序的运行时机器分析以选择方法层缓存的适当方法	7	20
50	US8356351	虚拟机中代码模块验证的方法和设备	2	29
51	US8108855	在一组节点上部署虚拟软件资源模板的方法和设备	40	64
52	US8341623	异构存储局域网数据中心的综合分布规划	5	16
53	US8135985	虚拟机高可用性支持	6	21
54	US8219988	数据处理系统分区助手	7	50
55	US7831977	虚拟机或逻辑分区环境中的共享文件系统高速缓存	12	16
56	US8127288	使用特定虚拟机安装和更新解释性编程语言应用程序	6	9
57	US8387031	提供嵌入式虚拟机的代码改进	2	35
58	US8019837	提供虚拟机的网络标识	14	68
59	US8327350	虚拟资源模板	4	87
60	US7761862	应用程序服务器的外部类加载器信息	5	26
61	US8028048	虚拟服务交付环境中基于策略的配置方法和设备	12	24
62	US8042108	服务器间虚拟机迁移	6	12
63	US8397225	在计算节点上执行的JAVA应用程序的即时编译优化	2	45
64	US8387045	使用虚拟机环境克隆镜像	8	19
65	US7865440	安全提供密钥对存储盒中的数据进行编码与解码的方法、系统和程序	5	51
66	US7991783	使用内嵌式数据库管理系统支持存储功能的设备、系统和方法	6	23
67	US8032702	数据备份与恢复的磁带库的磁盘存储管理	4	28
68	US7987158	元数据复制和恢复的制造方法、系统和论文	6	20
69	US7873878	存储系统的数据完整性验证	12	31

序号	专利公开号	标题	前向引用	被引用数
70	US8423739	重定位逻辑阵列热点的设备、系统和方法	2	39
71	US8386573	缓存连接的电子邮件数据供离线使用的系统和方法	2	51
72	US7904425	在特定时点生成备份集	8	20
73	US20120311291	多层次、精简配置存储系统中的空间回收	5	27
74	US7836250	数据存储系统中的自动再平衡	7	10
75	US20120101968	服务器整合系统	5	34
76	US8756390	大容量存储设备中的数据保护方法和设备	1	17
77	US20100332968	事件和事件句柄间连接的无运行时结构的类属说明	7	26
78	US7987453	使用硬件辅助线程栈对符号数据进行追踪和编目以实现自动确定计算机程序流程的方法和设备	8	89
79	US7765377	向一个或多个信息存储介质写入信息的设备和方法	7	19
80	US8862852	选择性地向一个或多个计算设备提供信息的设备和方法	1	19
81	US8225188	网络传输中盲校验和与校正的设备	5	84
82	US8276018	基于非易失内存的计算设备可靠性与可用性机制	6	35
83	US8086792	从高速缓存降级到磁道	4	22
84	US8806122	在多缓存（包括顺序存取存储设备中的非易失缓存）存储系统中缓存数据	2	31
85	US8055839	在物理卷末尾保留自由空间以创建自由空间中的分段逻辑卷的新段	7	26
86	US7707460	数据存储设备中保护数据写入的方法、设备和程序存储设备	5	22
87	US8788742	使用写请求属性确定多缓存（包括顺序存取存储设备中的非易失缓存）存储系统中数据缓存的位置	2	25
88	US8924367	逻辑数据对象转换、存储的方法和系统	0	145
89	US7692954	在SRAM设备中集成非易失存储器功能的设备和方法	13	19
90	US8438658	在数据处理设备中提供封装存储	2	13

序号	专利公开号	标题	前向引用	被引用数
91	US8543800	分层服务启动序列	3	14
92	US7975100	逻辑卷分段及缓存无法存储所有逻辑卷分段时特定段的迁移	3	26
93	US7996509	存储局域网中的设备分区	8	58
94	US7676702	存储系统和应用程序中拷贝服务的抢占式数据保护	20	53
95	US8176489	带读修改与RCU(read copy update)保护数据结构的RCU回滚的使用	7	27
96	US8707251	电子文档的缓冲检视	0	58
97	US7995418	带单元可选择供电电压的存储设备的控制方法与计算机程序	6	32
98	US7694096	存储介质中实现保护分区的设备、系统和方法	11	14
99	US8103993	多个串行总线连接器动态线路分配的结构	6	39
100	US7853764	开发系统环境的磁带存储模拟器	6	8
101	US20100083139	虚拟世界化身伙伴	8	28
102	US7685461	通过确定功能码在恢复升级前达到期望状态的时间点，在容错系统中实现容错代码升级的方法、设备和程序存储设备	12	19
103	US8381037	应用程序中执行路径自动选择的方法和系统	4	414
104	US7987384	用于无处理器内核恢复的cache错误处理的方法、系统和计算机程序产品	6	25
105	US8255880	计数指令与内存位置范围	6	230
106	US8041877	利用共享分页空间虚拟内存的分布式计算	6	30
107	US7958309	内存访问粒度的动态选择	8	33
108	US7886162	加密安全编程	8	23
109	US8438658	在数据处理设备中提供封装存储	2	13
110	US8607020	带超级管理器分页管理的共享内存划分数据处理系统	3	57
111	US7921261	保留全球地址空间	9	20
112	US8244826	在系统区域网上提供内存区域或内存窗口访问通知	4	16

序号	专利公开号	标题	前向引用	被引用数
113	US8230422	在微处理器中嵌入高速缓冲存储器的辅助线程	3	7
114	CA2335662	创造价值的图形用户界面	1	0
115	US8468501	部分记录计算机程序的执行过程用于回放	10	22
116	US7930422	网络协议处理卸载中支持内存管理的设备和方法	14	27
117	US8219988	数据处理系统分区助手	7	50
118	US7861038	混合驱动系统中数据管理的方法和设备	7	15
119	US8275815	集群式文件系统的事务处理	6	9
120	US8543800	分层服务启动序列	3	14
121	US8117403	使用辅助线程与地址历史表的事务处理内存系统	5	85
122	US8321637	事务型内存优化的计算系统	3	53
123	US8095750	常见冲突快速处理的事务存储系统	3	83
124	US7966547	多层次存储系统中的多比特纠错方案	4	30
125	US7816728	制造用于片上系统应用程序的高密度、基于沟槽的非易失随机访问硅氧化氮氧化硅(sonos)内存单元的结构和方法	9	18
126	US7924588	带并发二维（在行和列的方向上）查找能力的内容可寻址内存	14	27
127	US7692954	在SRAM设备中集成非易失存储器功能的设备和方法	13	19
128	US7890892	带可编程内存单元的内存阵列的平衡双向位线路径	5	28
129	US8139400	使用不对称访问晶体和设计结构提高静态随机存取存储器的稳定性	6	20
130	US8717802	半导体存储器的可重组多层次传感方案	3	22

4.1.2 伊姆西公司（EMC）专利情况

伊姆西公司为一家美国信息存储资讯科技公司，美国财富五百强之一，主要业务为信息存储及管理产品、服务和解决方案。伊姆西公司创建于1979年，总部在马萨诸塞州霍普金顿市。截至2014年12月，EMC在全球拥有124家子公司（含诸如RSA、VMware等国际著名公司）。

4.1.2.1　信息存储技术EMC专利公开量总体态势分析

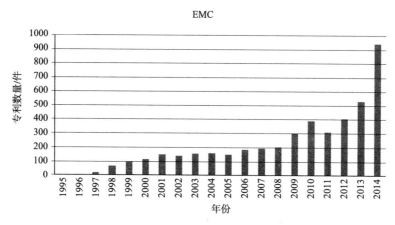

图4.1.2.1　1995~2014年伊姆西公司专利公开量的变化趋势

图4.1.2.1可看出，从2008年开始，伊姆西公司的每年专利申请都超过200件，2014年大幅增加，从图4.1.2.1还可看出，2014年，伊姆西公司的专利达到其最高峰941件。

4.1.2.2信息存储技术EMC核心专利分析

表4.1.2.1给出了伊姆西公司在系统、设备等方面的部分核心专利。从表4.1.2.1可看出：伊姆西公司申请的专利方向比较集中，主要是存储系统方面，近年主要关注数据去重、文件系统、存储安全、存储容错、虚拟机调度等方面，同时，更关注基于新型半导体存储器件的存储系统方面的技术。

表4.1.2.1　伊姆西公司部分核心专利列表

序号	专利公开号	标题	前向引用	被引用数
1	US7685126	提供分布式文件系统并利用元数据追踪数据信息的系统和方法	139	197
2	US7937421	分布式文件系统中文件去条带化的系统和方法	30	350
3	US8161083	创建活跃元素管理其的用户社区	5	44

序号	专利公开号	标题	前向引用	被引用数
4	CN101515273	创建元数据以追踪存储设备上分布式文件系统信息的系统和方法	6	0
5	US7865485	提高文件服务器单文件读写吞吐量的多线程写入接口和方法	11	42
6	US7653612	使用浅文件进行数据保护卸载	5	37
7	US8589550	高性能计算和网格计算的非对称数据存储系统	8	41
8	US8185751	在安全数据存储系统中实现高层语义单元和底层组件间的强加密相关	3	43
9	US8176319	在网络连接存储系统中识别和保证严格的面向系统和存储管理员的文件保密	7	27
10	US8706833	多存储对象类型的常见复制结构的数据存储服务器	5	73
11	US7953819	多协议共享虚拟存储对象	9	25
12	US7783615	创建文件系统索引的设备和方法	9	21
13	US8170985	分级存储系统中的主存跟文件保留与辅助保留协同	5	20
14	US7805416	文件系统查询与使用方法	23	14
15	US8566371	从文件服务器的文件系统回收存储空间	9	35
16	US7870239	对数据存储系统的动态更新数据的安全网络访问的方法和系统	2	18
17	US8135763	维护文件系统索引的设备和方法	4	8
18	US7739379	网络文件服务器共享分配给各自文件系统的数据处理器文件访问信息的本地缓存	12	9
19	US8145614	基于请求信息位于cache可能性的数据路径选择	9	14
20	US7937453	通过映射层推荐重定向的可扩展全球命名空间	20	42
21	US8510265	使用文件映射协议访问分布式文件系统的数据存储系统配置工具	8	27
22	US7769722	数据网络中多数据存储对象类型的复制与恢复	61	75
23	US8539177	使用虚拟阵列非破坏性数据迁移将存储阵列划分为n存储阵列	4	58
24	US8443163	数据存储阵列中基于层次的数据存储资源分配和数据重定位的方法、系统和计算机可读介质	4	33
25	US20120324071	分布式系统中使用动态集群映射资源	8	61

续表

序号	专利公开号	标题	前向引用	被引用数
26	US7697554	通过虚拟名称替换的逻辑/虚拟存储阵列的线上数据迁移	8	49
27	US7653832	使用存储块映射协议客户端与服务器的存储阵列虚拟化	19	41
28	US8745327	数据存储系统中分层优先级和自旋向下特性的控制方法、系统和计算机可读介质	2	42
29	US8099572	版本集中存储对象的有效备份和恢复	30	35
30	US8566502	使用开关将存储操作下放到存储硬件	3	15
31	US8332687	连续数据保护环境分隔器	8	73
32	US8407445	触发和协调存储池回收的系统、方法和计算机可读介质	5	33
33	US7697515	逻辑/虚拟存储阵列的线上数据迁移	4	40
34	US8335771	连续数据保护环境中用于日志访问复制的存储阵列快照	16	79
35	US7937453	通过映射层推荐重定向的可扩展全球命名空间	20	42
36	US8032701	虚拟资源网络中存储资源的供应映射的系统和方法	23	12
37	US8510265	使用文件映射协议访问分布式文件系统的数据存储系统配置工具	8	27
38	US8589504	全阵列非破坏性管理数据迁移	1	39
39	US8799571	基于存储设备外部探测的设备阵列配置的系统和方法	3	12
40	US7685126	提供分布式文件系统并利用元数据追踪数据信息的系统和方法	139	197
41	US7849361	多时间节点数据访问的方法和设备	12	80
42	US8539177	使用虚拟阵列非破坏性数据迁移将存储阵列划分为n存储阵列	4	58
43	US7937421	分布式文件系统中文件去条带化	3	350
44	US8185751	在安全数据存储系统中实现高层语义单元和底层组件间的强加密相关	3	43
45	US8443163	数据存储阵列中基于层次的数据存储资源分配和数据重定位的方法、系统和计算机可读介质	4	33
46	CN101515273	创建元数据以追踪存储设备上分布式文件系统信息的系统和方法	6	0
47	US7953819	多协议共享虚拟存储对象	9	25

序号	专利公开号	标题	前向引用	被引用数
48	US8060759	存储系统中能耗管理与优化的系统和方法	5	20
49	US8006111	基于静止阀值迁移文件组的共享存储中基于功率管理的智能文件系统	33	24
50	US8799681	加密磁盘的冗余阵列	1	69
51	US8281152	存储数据加密	4	11
52	US7890796	文件服务器中的自动介质纠错	21	29
53	US7774645	共享虚拟内存系统中的数据备份技术	5	13
54	US8032785	磁盘驱动器映射架构	9	29
55	US7882373	通过缩短寻道距离减少存储系统能耗的系统和方法	6	16
56	US7849361	多时间节点数据访问的方法和设备	12	80
57	US8589550	高性能计算和网格计算的非对称数据存储系统	8	41
58	US8639917	将桌面映像划分为一组预取文件、一组流文件和一组遗留文件的广域网桌面映像串流	7	37
59	US8626723	存储网络重复删除	9	30
60	US8185751	在安全数据存储系统中实现高层语义单元和底层组件间的强加密相关	3	43
61	US8176319	在网络连接存储系统中识别和保证严格的面向系统和存储管理员的文件保密	7	27
62	US8099607	滚动密码安全的非对称加密	7	50
63	US8566502	使用开关将存储操作下放到存储硬件	3	15
64	US8060759	存储系统中能耗管理与优化的系统和方法	5	20
65	US8798262	保留存储I/O栈各层间的逻辑块地址	3	12
66	US8868797	存储设备及其性能参数自动发现技术	2	28
67	US20120054746	空间优化块设备的系统软件接口	18	28
68	US7949637	精简配置的细粒度分级存储的存储管理	43	17
69	EP1093051	磁盘阵列存储设备中的逻辑卷透明交换方法	13	0
70	US8204980	基于主机的I/O多路径系统中用于路径选择的存储阵列网络路径影响分析服务器	7	41
71	US8028062	分离路径虚拟化的虚拟存储区域网的非破坏性数据迁移	24	36

序号	专利公开号	标题	前向引用	被引用数
72	US7756986	联网存储系统中数据管理方法和设备	2	70
73	US8145865	虚拟有序写入溢出机制	10	20
74	US7783727	存储环境动态主机配置协议	4	67
75	US8332687	连续数据保护环境分隔器	8	73
76	US8209506	虚拟存储环境重复删除	5	15
77	US8607045	外围身份验证的标记码交换	2	9
78	US7774445	通过比较分区集合并识别分区集合差异来管理存储区域网分区的系统和方法	8	6
79	US7711813	存储资源显示方法和设备	9	10
80	US7864758	存储系统虚拟化	23	85
81	US7707304	存储区域网的存储交换器	14	74
82	US8688934	数据缓存方法	3	7
83	US8677086	数据缓存系统	3	5
84	US7743171	使用初始化指标的设备镜像的格式化和初始化	7	14
85	US7707331	使用优先路径或随机选择来源和目标端口的路径确定	10	12
86	US8626741	内容可寻址存储系统备份数据对象的编目方法	4	15
87	US8065273	自动优先级恢复	3	44
88	US8307359	使用虚拟块网络构造的嵌入式虚拟存储区域网	8	18
89	US7856022	使用外部虚拟化引擎的非破坏性数据迁移	22	21
90	US8166314	逻辑单元加密时密钥无法获取或加密状态不可知时的选择性I/O	8	112
91	US7849323	多媒体设备密码显示	13	19
92	US7685126	提供分布式文件系统并利用元数据追踪数据信息的系统和方法	139	197
93	CN101515273	创建元数据以追踪存储设备上分布式文件系统信息的系统和方法	6	0

4.1.3　EMC与IBM在信息存储技术专利申请对比分析

4.1.3.1　信息存储技术IBM与EMC专利公开量比较

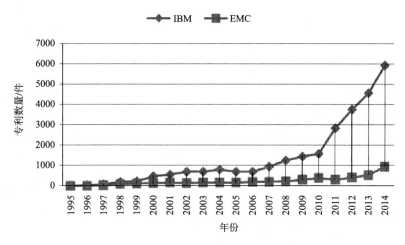

图4.1.3.1　1995~2014年IBM、EMC两公司专利公开量的变化趋势比较

从图4.1.3.1可看出IBM公司自1995年以来，在信息存储领域的专利申请一直处于领先，特别是，从2011年开始，IBM公司在信息存储技术的专利申请数相对伊姆西公司优势愈发明显。

4.1.3.2　信息存储技术IBM与EMC专利申请技术总类分析（IPC分类）

表4.1.3.1　1995~2014年IBM、EMC两公司重点研发领域对比

IPC组	IBM（占总专利公开量比例）	EMC（占总专利公开量比例）	含义
G06F-012/00	18.33%	26.93%	在存储器系统或体系结构内的存取、寻址或分配
G06F-013/00	10.13%	12.37%	信息或其他信号在存储器、输入/输出设备或者中央处理机之间的互连或传送
G06F-017/30	9.67%	12.49%	信息检索；及其数据库结构
G06F-012/08	7.46%	4.34%	在分级结构的存储系统中的寻址、地址分配、或地址的重新分配

续表

IPC组	IBM（占总专利公开量比例）	EMC（占总专利公开量比例）	含义
G06F-015/16	7.08%	10.58%	两个或多个数字计算机的组合，其中每台至少具有一个运算器、一个程序器及一个寄存器
G06F-011/00	6.00%	11.00%	错误检测；错误校正；监控
G06F-003/06	4.88%	7.13%	来自记录载体的数字输入，或者到记录载体上去的数字输出
G06F-009/46	3.91%	2.26%	多道程序装置
G06F-012/02	3.52%	2.50%	寻址或地址分配；地址的重新分配
G06F-009/44	3.36%	2.20%	用于执行专门程序的装置
G06F-007/00	3.24%	4.16%	通过待处理的数据的指令或内容进行运算的数据处理的方法或装置
G06F-003/00	3.21%	4.34%	用于将所要处理的数据转变成为计算机能够处理的形式的输入装置；用于将数据从处理机传送到输出设备的输出装置
G06F-012/16	3.14%	5.71%	阻止存储物丢失的保护
G06F-012/14	2.79%	2.50%	阻止存储器越权使用的保护
G06F-017/00	2.60%	3.03%	特别适用于特定功能的数字计算设备或数据处理设备或数据处理方法
G06F-009/00	2.38%	1.61%	程序控制装置，例如，控制器
G06F-015/00	2.30%	0.71%	通用数字计算机；通用数据处理设备
G11C-007/00	2.15%	4.16%	数字存储器信息的写入或读出装置

从表4.1.3.1可以看出，IBM公司与伊姆西公司在信息存储技术研究重点非常吻合，其中排在前三位的都是G06F-012/00、G06F-013/00、G06F-017/30领域。由此可见，在世界信息存储市场，两公司研发的产品竞争十分激烈。

4.2　存储器件领域典型公司分析

4.2.1　美光公司（Micron）

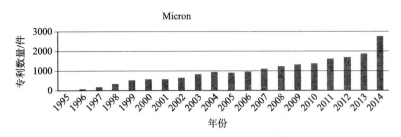

图4.2.1.1　1995~2014年美光公司专利公开量的变化趋势

美光公司是全球最大的半导体存储及影像产品制造商之一，其主要产品包括DRAM、NAND闪存、NOR闪存、SSD固态硬盘和CMOS影像传感器。图4.2.1.1显示，近十年，美光公司的专利申请数一直呈上升态势，到2014年达到峰值（2823件），从2003年至今，每年的专利申请数都超过1000件。

4.2.2　三星公司（Samsung）

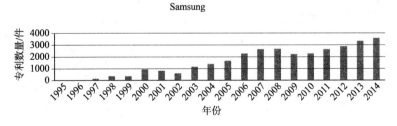

图4.2.2.1　1995~2014年三星公司专利公开量的变化趋势

三星公司在存储方面的主要业务为DRAM 与 NAND Flash，在半导体存储领域，三星一直走在世界的前列。图4.2.2.1显示，从2003年开始，三星公司在信息存储技术方面的专利申请数每年大幅增加，2014年达到最高值（3570件），预计三星公司在信息存储领域的专利今后仍会大幅增加。

4.2.3 英特尔公司（Intel）

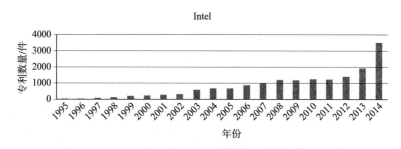

图4.2.3.1 1995~2014年英特尔公司专利公开量的变化趋势

英特尔公司是全球最大的半导体储存制造商之一，在该领域内，英特尔一直占据这世界15%左右的市场份额。图4.2.3.1显示，从1997开始，英特尔公司在存储方面的专利申请数整体上呈平稳态势，2003年开始年专利公开量一直是500件以上， 2014年英特尔公司专利申请每年增加的幅度非常明显，达到顶峰（3502件）。预计未来英特尔在存储方面的专利申请数还会呈上升态势。

4.2.4 SK海力士公司（SK Hynix）

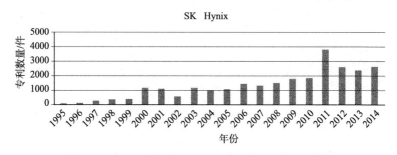

图4.2.4.1 1995~2014年SK海力士公司专利公开量的变化趋势

SK海力士半导体是世界著名的DRAM制造商之一。1999年10月 合并LG半导体有限公司，成立现代半导体株式会社，使SK海力士在2000年专利总数激增（如图4.2.4.1所示），随后专利申请数有所减少，2011年又达到一个小高峰（申请总数是3936件，其中存储领域为1339件）。

4.2.5 东芝公司（Toshiba）

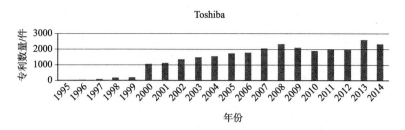

图4.2.5.1　1995~2014年东芝公司专利公开量的变化趋势

东芝公司是日本著名的半导体制造商，在存储领域主要涉及硬盘与DVD刻录机、硬盘驱动器。图4.2.5.1显示，从20世纪90年代后期，该公司的专利申请数很少，但从21世纪2000年开始，东芝公司每年在存储领域的专利申请都超过1000件，其中2004年至2008年的上升趋势相对比较明显，随后趋于平缓。该公司在2013年在存储领域的专利申请数到达顶值（2595件）。

4.3　存储设备领域典型公司分析

4.3.1　希捷公司（Seagate）

希捷公司目前是全球著名的硬盘、磁盘和读写磁头制造商，总部位于美国加州司各特谷市。希捷在设计、制造和销售硬盘领域居全球领先地位，提供用于台式电脑、移动设备和消费电子的产品。图4.3.1.1显示，从20世纪90年代中期至21世纪2004年，希捷公司在存储领域的专利申请数一直呈上升趋势，在经过2005~2007年短暂的下降后，从2008年开始重拾升势，且在2014年达到峰值（1052件）。

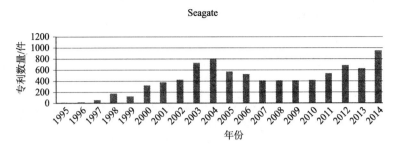

图4.3.1.1　1995~2014年希捷公司专利公开量的变化趋势

4.3.2　闪迪公司（SanDisk）

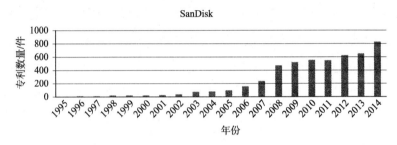

图4.3.2.1　1995~2014年闪迪公司专利公开量的变化趋势

闪迪公司是全球著名的闪速数据存储卡产品供应商。闪迪设计、开发、制造和营销应用于各种电子系统的闪存卡产品。从图4.3.2.1中，可以清晰地看出，闪迪公司在存储领域的专利申请数呈现历年上升的良好态势，并从2008年开始专利申请数突破400件且每年仍大幅增加，2014年达到峰值（829件）。预计今后该公司在专利申请数方面，仍保持上升态势。

4.3.3 西部数据公司（WesternDigital）

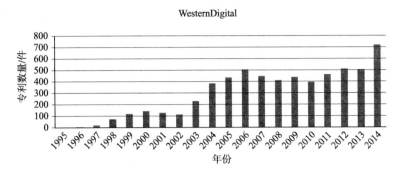

图4.3.3.1 1995~2014年西部数据公司专利公开量的变化趋势

西部数据公司在世界各地设有分公司或办事处，为全球五大洲用户提供存储产品，也为全球个人电脑用户提供完善的存储解决方案。西部数据是著名的硬盘生产商。图4.3.3.1表明，整体上而言，西部数据公司在存储领域内的专利申请数呈上升态势。增长峰值在2014年到来（719件）。预计未来几年，该公司专利申请数仍会有所增长。

4.4 其他代表性公司分析

4.4.1 甲骨文公司（Oracle）

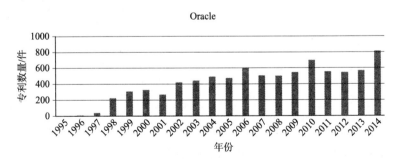

图4.4.1.1 1995~2014年甲骨文公司专利公开量的变化趋势

甲骨文公司是全球最大的企业级软件公司之一。图4.4.1.1显示，

1998~2014年，甲骨文公司在存储领域的专利申请数历年递增，2006年（596件）、2010年（696件）与2014年（816件）专利公开量特别突出。根据往年数据分析，尽管甲骨文公司主业是数据库软件，但对存储非常重视，例如，甲骨文公司通过并购等方式来增强其在这方面的实力，甲骨文公司总有331个子公司，如表4.4.1.1给出其部分子公司。预计未来在存储方面仍会有大量专利。

表4.4.1.1   甲骨文公司部分子公司

子公司名	子公司名	子公司名
Storability Inc	Storage Technology Asia/Pacific, K.K.	Storage Technology Austria GmbH
Storage Technology Corp	Storage Technology France, S.A.	Storage Technology Holding GmbH
Storage Technology Italia S.p.A.	Storage Technology Sweden AB	StorageTek AG
StorageTek AS	StorageTek Brasil Ltda.	StorageTek de Mexico, S.A. de C.V.
StorageTek Global Trading B.V.	StorageTek Korea, Ltd.	StorageTek New Zealand Pty. Limited
StorageTek North Asia Limited	StorageTek OY	StorageTek Poland Sp. z o.o.
Sun Microsystems	Sun Microsystems (NZ) Limited	Sun Microsystems (Thailand) Limited
Sun Microsystems AB	Sun Microsystems AS	Sun Microsystems Australia Pty Ltd
Sun Microsystems Belgium NVSA	Sun Microsystems China Ltd	Sun Microsystems de Argentina SA
Sun Microsystems de Chile, SA	Sun Microsystems de Mexico, SA de CV	Sun Microsystems de Venezuela, SA
Sun Microsystems do Brasil Industria e Comericio	Sun Microsystems France SA	Sun Microsystems Iberica Sa
Sun Microsystems Italia	Sun Microsystems Italia SpA	Sun Microsystems Korea, Ltd
Sun Microsystems Luxembourg SARL	Sun Microsystems Mexico	Sun Microsystems Minneapolis
Sun Microsystems Nederland B.V.	Sun Microsystems of Canada Inc	Sun Microsystems of China Limited

续表

子公司名	子公司名	子公司名
Sun Microsystems of Singapore	Sun Microsystems Oy	Sun Microsystems Philippines Inc.
Sun Microsystems Pte Ltd	Sun Microsystems Taiwan Limited	Sun Microsystems Venezuela & Caribbean Region
Sun Microsystems, Inc.	Sun Update Connection-Enterprise	—

4.4.2　惠普公司（HP）

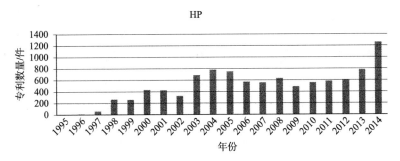

图4.4.2.1　1995~2014年惠普公司专利公开量的变化趋势

惠普公司是一家全球性的IT公司，主要专注于打印机、数码影像、软件、计算机与信息服务等业务。2014年10月6日，惠普宣布公司将分拆为两家独立上市公司，两家新公司分别名为惠普企业和惠普公司，前者从事面向企业的服务器和数据存储设备、软件及服务业务，后者从事个人计算机和打印机业务。图4.4.2.1显示，从21世纪2003年开始，惠普公司在信息存储领域的专利公开量几乎每年都在500件以上，在2014年达到峰值（1255件）。预计未来几年，惠普公司在该领域的专利公开量仍会保持高速增长。

4.4.3　网存公司（NetApp）

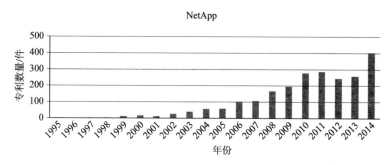

图4.4.3.1　1995~2014年网存公司专利公开量的变化趋势

　　网存公司创立于1992年，主要专注于数据密集型应用的存储解决方案，产品包括附网存储设备、存储管理软件等。从图4.4.3.1可看出，从2001年开始，网存公司的专利申请数逐年递增，2010年（279件）和2011（288件）年达到阶段性高峰，2012年及2013年虽然有所回落，但是2014年的申请数为403件，创该公司专利申请数的新高。

4.4.4　戴尔公司（Dell）

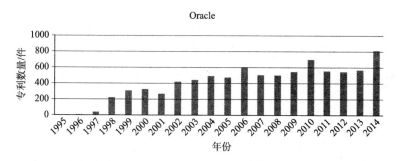

图4.4.4.1　1995~2014年戴尔公司专利公开量的变化趋势

　　戴尔公司涉足高端电脑市场，生产与销售服务器、数据储存设备、网络设备等。从整体上看，戴尔公司在存储领域的专利申请数呈递增趋势。图4.4.4.1显示，2002~2007年，戴尔公司的专利申请数有所下滑。在2014年，戴尔公司在存储领域的专利申请数达到高峰（425件）。

4.4.5 日立公司（Hitachi）

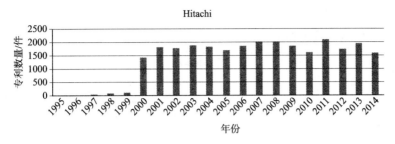

图4.4.5.1 1995~2014年日立公司专利公开量的变化趋势

日立公司在存储领域主要涉足的是半导体、硬盘和光盘业务。从图4.4.5.1我们可以看出，从2000年开始，日立公司在存储领域的历年专利申请数都非常多，而且整体比较平缓，基本上每年专利公开量都超过1500件。

4.4.6 富士通公司（Fujitsu）

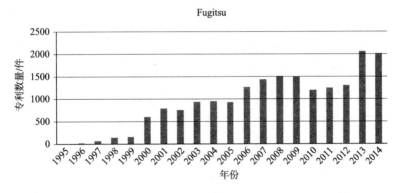

图4.4.6.1 1995~2014年富士通公司专利公开量的变化趋势

富士通是日本著名的IT厂商，其硬盘业务于2009年第一季度转移到东芝公司旗下，但仍保留移动硬盘、磁光盘业务。从图4.4.6.1看出，自2000年开始，富士通每年在信息存储领域的专利公开数都非常多，且呈快速增长态势。2013年，该公司的专利申请数为2066件，为历史最高点。

4.5 中国典型存储公司分析

4.5.1 华为公司（Huawei）

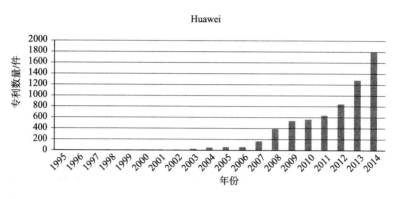

图4.5.1.1 1995~2014年华为公司专利公开量的变化趋势

华为公司是全球领先的电信解决方案供应商，华为的产品主要涉及通信网络中的交换网络、传输网络、无线及有线固定接入网络和数据通信网络及无线终端产品，为世界各地通信运营商及专业网络拥有者提供硬件设备、软件、服务和解决方案。华为公司在1999年以前，在存储领域的专利数量很少。图4.5.1.1显示，从2007年起，华为在存储领域的专利申请数大体上呈现上升趋势。2009~2011年，华为公司在信息存储技术方面的专利年专利数在600件左右，2012年后呈急剧上升趋势。这和华为公司在服务器、存储产品的部署有关。考虑到我国公司对专利保护的重视程度的增加，以及华为近几年在存储市场的良好发展态势，预计未来几年内该公司在存储领域内的专利申请数还会大幅增加。

4.5.2 联想公司（Lenovo）

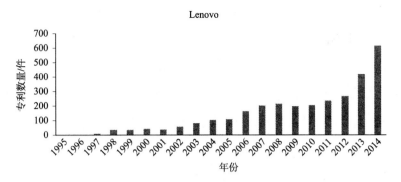

图4.5.2.1　1995~2014年联想公司专利公开量的变化趋势

联想公司是全球最大的PC生产厂商之一。联想公司的在信息存储领域的专利，大多来自于其2005年收购国际商业机器公司的PC业务、2014年联想公司IBM X86服务器业务和2014年收购摩托罗拉公司移动业务。图4.5.2.1显示，该公司在2014年的专利数量为615件，是历年来最高的。随着联想公司在服务器市场发力，其服务器解决方案中存储这一块需求非常重要，联想公司在存储领域的研发投入增加，预计未来几年内，专利申请数会大幅增加。

4.5.3 中兴公司（ZTE）

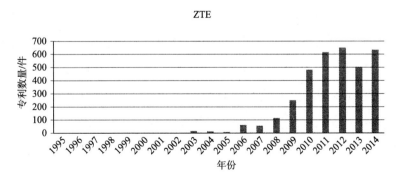

图4.5.3.1　1995~2014年中兴公司专利公开量的变化趋势

中兴公司为全球160多个国家和地区的电信运营商提供创新技术与产品解决方案，通过全系列的无线、有线、业务、终端产品和专业通信服务，满足全球不同运营商的差异化需求。图4.5.3.1显示，中兴公司在2002年以前，在存储领域的专利申请数基本上属于空白。2002~2012年，专利公开数呈增长趋势，在2012年到达峰值（646件专利）。2013年和2014年该公司在信息存储领域专利公开数相比2012年有所下降，表明该公司在信息存储领域产品还有待大的突破。但是中兴公司非常重视专利布局，预计近期内在存储领域的专利申请数会呈平稳趋势。

4.5.4 浪潮公司（Inspur）

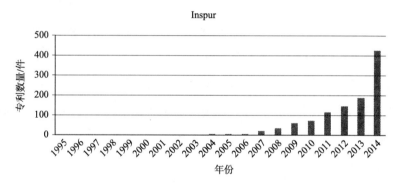

图4.5.4.1 1995~2014年浪潮公司专利公开量的变化趋势

浪潮公司是中国领先的计算平台与IT应用解决方案供应商，同时，也是中国著名的服务器制造商和服务器解决方案提供商。从图4.5.4.1中可以看出，浪潮在2005年之前，在存储领域专利申请为0，从2005年起，专利申请数呈逐年递增的趋势，而且增加幅度非常大。2014年已经在存储领域的专利上，达到464件。这也反映出我国公司逐渐加大了对专利的保护与重视。从近年的发展态势看，预期浪潮在存储领域的专利数还会增长。

第5章 分析与对策

处理、传输和存储是当今数字信息技术的三大基石，计算设施、网络设施和存储设施合在一起，成为以互联网为代表的现代信息社会的基础设施。以往的存储设备隐藏在服务器中，但随着数字化信息的爆炸性增长，存储系统已成为独立的部分，而且在数据中心等重要信息设施投资中比例超过50%。随着数据量的进一步快速增长，对存储的需求持续高涨，存储成为整个IT业发展的新动力，新的技术和产品层出不穷，市场规模已经十分巨大，而且还在迅速扩展。不仅如此，还因为存储设备是数据的载体，在所有IT设施中，存储有着最高的数据安全要求。因此，不论从巨大的经济利益考虑，还是从国家的信息安全考虑，加强信息存储技术创新、推动我国的存储产业发展都是十分必要和迫切的。

5.1 全球企业信息存储技术专利申请特点

本书对近20年全球信息存储技术的专利发展情况分析，从多个角度显示了美、日等国在信息存储技术的研发实力。信息存储技术专利拥有量已经构成一个国家在信息存储技术国际竞争力的重要测度指标；信息存储技术专利质量直接关系到信息存储技术专利技术向存储企业生产力转化的核心内容。

5.1.1 信息存储领域专利申请状况小结

从本书对信息存储技术专利申请的数据统计分析，可以对当前信息存储技术专利态势做以下判断。

（1）专利申请速度呈稳步快速增长之势。世界范围内围绕信息存储技术的专利申请速度呈稳步快速增长之势。全球信息存储技术专利公开量平均年增长率为6.2%，这表明：从世界范围内来看，信息存储技术处于稳步快速发展中。

（2）专利申请美国质量第一，日本数量第一。从国家或地区层面上看：在1995~2014年，本书统计的信息存储技术专利申请数量前20名专利申请人中，日本占60%，美国占25%，韩国占10%，德国占5%。如图5.1.1.1所示。这一方面说明日本存储相关企业在信息存储技术不仅研究实力强大，而且积极进行着全球专利布局；另一方面可能与日本存储相关企业擅长技术转化，而美国存储相关企业更注重于基础研究方面有关。

对于信息存储技术核心专利，本书统计的前20名专利申请人中，美国的公司最多，占65%，其次是日本为25%，韩国占5%，芬兰占5%。如图5.1.1.2所示。

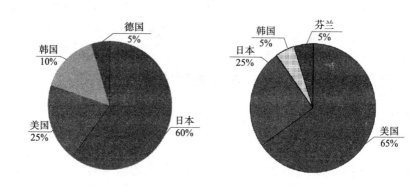

图5.1.1.1　1995~2014年专利公开量
前20名公司所属国分布

图5.1.1.2　1995~2014年核心专利
公开量前20名公司所属国分布

这表明：信息存储技术的核心专利技术依旧只是在美日产生；跨国公司的专利布局重点也依旧是美日这些高端市场；在中国的专利布局仅仅

是刚开始，而且还只是一些比较低端的专利技术；中国在全球信息存储技术产业链中依旧处于技术含量较低的零部件生产与组装阶段。但即使跨国公司重视在中国专利布局，以低技术含量专利为主，也已经对中国企业造成了很严重的专利壁垒，这一点要更加激起我国相关部门的使命感和紧迫感，以科学发展观为指导，提升自主创新的能力刻不容缓。

从全球专利情况来看：在信息存储技术优势企业分布上，美国企业则在核心技术研究领域领先，专利集中，而且研究重点突出；日本企业多，专利公开量大；目前，除华为公司和中兴公司近年来在专利申请数量上逐步体现良好势头外，我国尚未出现能与国际著名存储公司抗衡的龙头企业。

5.1.2　专利申请与维护费影响存储企业专利战略

专利申请及维护费用上的差异，对技术创新模式会产生不同的影响。例如，日本专利局（JPO）为了鼓励专利申请，长期以来收取较低的专利申请费用，因此在日本拥有一项专利权的成本比美国低，日本人也更愿意就小发明申请专利，因为在发明与申请上都不用花费很大成本就可以获得一项潜在经济价值却并不一定很小的专利。与此相反，美国采取高专利收费，意味着拥有专利的成本上升。这种做法驱使研发方在选择研发项目时淘汰一些被视为缺乏重大经济价值的技术，从而在一定程度上鼓励申请人在技术创新上向更高质量看齐，与其他国家拉开更大距离。此外，高收费的做法还可提高其他国家在美国寻求专利保护的门槛，成为美国贸易壁垒中一种新型的非关税形式。

日本人热衷于存储技术改良而美国人更愿意高起点的存储技术创新，导致美、日信息存储技术专利在数量与质量上存在较大差异。从本书对1995~2014年在信息存储技术专利申请数量较多的前20名专利申请人中可看出，日本企业拥有13席。对5个当前活跃技术领域G06F（电数字数据处理）、H04L（数字信息的传输）、H04B（传输）、G11B（基于记录载体和换能器之间的相对运动而实现的信息存储）等的专利公开量排名统计分析表明：IBM、微软、惠普、甲骨文、富士通、网存等公司在存储系统技术方面领先的公司的核心专利集中在G06F小类；美光、三星、闪迪、SK海力士等公司的核心专利集中在G11C小类；西部数据和希捷等公司的核心专利集中在G11B小类。

从第一章的统计分析中可看出，在绝对数量很大、增长比较平稳的磁盘技术等领域，以及在绝对数量很大、申请量下降明显的光盘技术等领域，日本专利的数量相对于美国专利保持绝对优势；而在那些绝对数量较少而增长快速的新兴研究领域，如存储虚拟化、闪存存储、数据去重等，美国专利则相对于日本专利占绝对优势。美国在信息存储技术具有更活跃的技术创新体系、更充足的研发实力以及高度的前瞻性。这是因为日本在"跟随与改良"道路上，长期简单追求能够提高产品质量的应用技术，改进发明较多。美国则凭借其科学技术在国际上的领先地位，一直注重发展基础研究为技术创新和发明提供持续支撑，表现在信息存储技术等高新技术领域，基本发明或开创性发明很多，同时，美国在存储领域这种持续创新能力，有力地促进了美国存储企业在关键技术的持续领先。而美国为巩固其在存储领域的国际竞争力，也在积极开拓新的存储技术研究领域，如量子存储。

5.2 日美存储相关企业善于利用专利诉讼策略

美国是当今世界上科技经济实力最强大的国家，也是对当代专利国际保护制度影响最大的国家之一。美国专利法以宪法专利条款为基本依据，伴随着美国200多年的工业化进程而适时调整，有效地促进了技术的开发和运用，促进了美国经济发展与科技进步。据统计，1995~2001年，美国专利侵权赔偿平均每笔是500万美元，而2001~2009年，专利侵权赔偿平均每笔是800万美元。由于在日本和美国，专利诉讼费用高，专利官司失败后果严重，日美存储相关企业惯用专利诉讼手段打击对手。例如图5.2.1所示，伊姆西公司1995~2014年，卷入了100多项专利官司，这些官司分别在加利福尼亚北部地方法院（California Northern District Court）、特拉华区法院（Delaware District Court）、德克萨斯东部地区法院（Texas Eastern District Court）、马萨诸塞州地方法院（Massachusetts District Court）等法院审理。

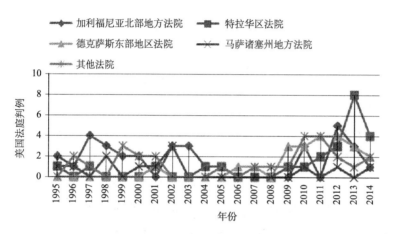

图5.2.1　1995~2014年伊姆西公司涉及的官司情况

又如，2005年12月29日，中国互联网新闻中心报道了一篇新闻，谈到日本日立环球存储科技公司（以下简称"日立环球存储"）挥知识产权大棒，在美国加利福尼亚州北部地区地方法院诉讼中国南方汇通微硬盘科技股份有限公司（以下简称"南方汇通"），最终南方汇通与日立环球存储在日本达成秘密和解：由于当年日立环球存储有4300多件专利，而南方汇通仅200多件专利，因此根据双方合同规定，南方汇通最终可能支付了一定数量的费用给日立环球存储。

5.3　信息存储技术专利战略

美国依靠其雄厚的基础科研实力，实行基础专利优先的政策，鼓励高质量，融合各个学科的研究发明；先发明制申请专利原则以及专利费用的高门槛、专利保护强度大等特点，使得美国存储相关的公司更注重专利的质量，更注重前瞻性、基础专利的研发。而日本实行的"先申请制"鼓励发明者早日申请其专利，专利费用低廉，专利保护期限较短，加上其国内应用基础研究气氛浓厚，而基础科学研究与美国差距较大这些因素的综合使得日本存储相关的公司在专利申请数量上占据很大的优势。

我国是一个发展中大国，必须有效实施其专利战略，确保我国的国家利益。由于随着知识产权保护力度的强化，使技术引进和技术跟随受到了更大的限制，留给我国技术跟随空间逐渐缩小。信息存储技术是比较成熟但重要的技术领域，建议实行"曲线"专利战略："跟随"专利战略，通过技术改良方式实现；"拿来"专利战略，通过并购/收购等方式实现。通过上述"跟随"与"拿来"两种策略并行的手段来增强我国存储企业的实力，同时更要关注新技术，注重前瞻性技术的专利申请。

中国的存储企、事业单位应积极面向国家需要，要大力提升信息存储技术的创新能力，重点关注那些新兴的研究热点领域，如量子存储、新型固态存储、数据去重、存储能效、软件定义存储、云存储等新出现的热点。建议10年内中国存储企业以提高中国存储市场占有率为目标，产品研发要采取跟随的方法且以申请中国专利为主。即积极开展对外合作，并且与最顶尖的存储公司、研究机构就关键技术展开合作，争取掌握核心专利技术。目前，对高校和科研院所来说，专利的申请费和维护费是很高的，而国家资助的科研项目并没有相关专利的维护费，而且相关专利向企业转化不畅；建议由政府提供相应的资助，并鼓励企业购买相关专利。建议集中全国力量，基于自愿原则建立信息存储专利池，整合创新资源，提升中国存储公司竞争力。推动我国信息存储行业的国家标准制定工作，进而在国际标准上有所突破；推动中国存储产业的发展，采取产学研结合的办法，充分发挥高校和研究机构技术领先优势，并结合大型企业的工程化研制和管理优势，研制先进的信息存储软硬件系列产品，全方位地满足我国相关领域对海量存储系统的高性能、高可用、可扩展、易管理的需求，推动其技术进步。特别要指出的，对于有一定规模和资金较雄厚的信息存储企业，鼓励走出国门，收购或兼并国外的具有核心技术的小型创新公司。

5.4 信息存储技术成果转化及创新驱动能力提升对策

美国政府为了促进科技成果的转化，设立了国家技术转让中心、联邦实验室技术转移联合体、区域转让中心、大学技术转让办公室等科技成果转化机构，并且颁布了《联邦政府技术转让法》《综合贸易和竞争法》《国家竞争力技术转让法》《军转民、再投资和过渡援助法案》《国家合作研究法》《联邦技术转移法》《小企业技术转移法》《国家技术转让与促进法》《联邦技术转让商业化法》《技术转让商业化法》等，这些立法加速了美国科技成果转化。美国企业在这些服务机构和立法的支持下，专利转让数必然较多。

韩国科学技术部出资为科研机构所拥有的专利做专利价值分析和评估，发掘出有商业化的专利技术，对这些专利采取专利商业化的措施，同时韩国政府专门成立中小企业管理局，加强对韩国企业的知识产权的工作指导。韩国政府还专门制定了《合作研究开发促进法》《科学技术创新特别法》等法律条规，促进科学技术的成果转化。

日本政府制定了"知识产权立国"的策略。日本政府高度重视知识产权的应用，通过立法来推进知识产权的产业化，要求大型企业无偿许可中小企业使用其休眠专利及周边专利，鼓励中小企业对其进行利用，立法明确了大学等研发机构具有将科技成果商品化的义务。日本政府相继出台了《大学等技术转移促进法》《产业活力再生特别措施法》《产业技术强化法》《2006知识产权推进计划》等，为积极推动科研成果向民间转化，设立了专门的技术转移机构。日本政府特许厅依法在全国指定了100多名专利流通顾问，举办各种专利展览会，促进供需见面，鼓励专利用户与专利持有人的交流合作，以促进专利交易和转化。

目前，中国政府也正在制定或完善相关法律或政策。例如，2015年第十二届全国人大常委会第十三次会议初次审议了《中华人民共和国促进科技成果转化法修正案（草案）》。该草案中说明，科技成果完成单位未规定、也未约定奖励和报酬的方式和数额的，按照下列标准对完成、转化职务科技成果做出重要贡献的人员给予奖励和报酬：①将该项职务科技成果转让、许可给他人实施的，从该项科技成果转让收入或者许可收入中提取不低于20%的比例；②利用该项职务科技成果作价投资的，从该项科技成果形成的股份或者出资比例中提取不低于20%的比例；③单位将该项职务科技成果自行实施或者与他人合作实施的，应当在实施转化成功投产后，连续三至五年从实施该项科技成果的营业利润中提取不低于百分之五的比例。

另外，一些地方也出台了力度更大的政策，如湖北武汉，东湖高新区相继出台促进科技成果转化的"黄金十条"，科研人员收益分配比例从不低于20%提高到不低于50%。该措施出台后，武汉东湖高新区的一项专利交易（一项职务发明出让）1000万元的收益中，70%归研发团队，30%上缴国家。

在我国大力实施创新驱动发展战略，加快转变经济发展方式，调整优化产业结构的大环境下，对提升信息存储技术成果转化及创新驱动能力，我们提出如下建议。

（1）完善产学研合作模式，促进科技成果转化。高校和科研院所有人才资源，有一批科研成果，有一些好的科研平台，有很多国家的重大基础项目，但很多科研成果没有转化为生产力，没有形成产品，一方面是存在经费投入有限、技术成熟度等原因，另一方面是缺少开拓市场的能力（不是自己的专长）。现在已部署有部分产业技术创新战略联盟、产学研协同创新联盟等，但普及面还不广，也常出现申请项目时紧密联盟、执行时联系不紧密现象。因此，要探索更好的产学研结合机制，鼓励企业积极在高校和科研院所寻找技术支持，进行科技成果转化；鼓励大学教授去公司咨询、授课或做学术报告，大学研究人员到企业临时参加课题研究等。鼓励企业捐赠高校优势学科开展科研，成为其技术会员，并享有税收减免、专利技术优先转让等权利，高校对会员企业定期公开技术，企业对高校定期公布技术需求，促进创新技术对接和成果转化。

（2）制定促进成果转化的科研成果处置与收益分配政策，提高科研人员成果转换积极性。按照我国规定，部属高校限额以上科技成果处置需经过学校的内部审批、教育部和财政部的"两报两批"、交易所公开挂牌四个阶段。整个过程耗时长，且常与地方优惠政策有不兼容之处。因此，应制定科研成果处置与收益分配政策，赋予研究单位更多的自主权，并使收益向职务发明人倾斜，激发科研人员的成果转化积极性。

（3）加大基础研究、前瞻性研究投入，储备原创性成果。从国际上看，很多信息存储原创性技术，如磁性随机存储、相变存储、忆阻器技术等，从提出到产业化要走过30~50年，在提倡创新驱动的大环境下，应防止"创新"冒进、只看眼前技术转化，不看长远技术积累的现象。毕竟适宜产业化的成果只占科技成果的一部分，大部分成果需要潜心研究多年，也许能产业化，也许最终证明是失败的。因此，要建立科学的科研成果评价机制，允许失败。基础技术研究、前瞻性技术研究是一个持久的过程，只有加大投入，才能形成持续创新驱动能力。

（4）搭建知识产权交易平台，加大知识产权保护力度。创新必有风险。现实中，很多企业不愿转化实验室技术，习惯于引进模仿，承接、转化能力偏弱，习惯于花高价引进更先进的生产线，使用成熟的工艺、生产已有的产品, 力求避免生产新产品所带来的风险。另一方面, 国内还存在知识产权违法成本低的现象, 仿冒、山寨现象严重, 使得很多企业不愿意投巨资做创新性技术产业化第一人。因此, 应建立知识产权保护体系, 加大知识产权保护力度, 为知识产权的所有权、收益权、使用权和交易权搭建安全平台, 包括交易服务、管理、教育、执法等方面, 解决企业创新后顾之忧。

5.5 信息存储技术专利策略探讨及建议

5.5.1 加强专利保护意识

据世界知识产权组织统计, 每年科研成果中95%以上以专利文献的形式公布于世。一般来说, 全世界每年发明成果的90%~95%在专利文献中可以查到, 而在其他文献中只反映5%~10%, 因此专利文献是查找技术应用的最重要文献源之一。如果能够有效地利用专利情报, 不仅可缩短60%的研发时间, 还可节省40%的研发经费[9]。专利数量和发展变化趋势可以反映该国家(地区)科技发展的最新动态。

虽然中国是存储设备和系统消费大国, 但是, 目前核心存储技术基本上被美日韩等国垄断。在中国存储市场, IBM、HP、EMC、DELL等国际厂商曾一度占据了几乎100%的市场份额。2007年, 在中国存储市场上, IBM、HP、EMC、DELL等国际厂商占据了80%的市场份额, 其中IBM、HP、EMC三家厂商就占据了68.8%的市场份额[10]。近几年中国存储市场领先集团逐渐形成, 如华为、海康威视、浪潮, 另外, 中兴、宇视科技、曙光、同有、创新科等国内厂商也逐渐扩大市场份额。IBM、NetApp、Hitachi、DELL、EMC、HP等国外厂商的市场优势逐渐减小。

长期以来, 中国大陆对于知识产权侵权的判罚力度较弱, 即使一方最终诉讼失败, 所受处罚也比较轻, 相反, 起诉方还要面临巨额的诉讼费用, 这种投入产出上的不合算, 成为海外专利拥有者在中国使用诉讼手段解决专利授权问题的主要障碍。而欧美国家的存储企业知识产权保护方面意识非常强，为了赢得美国存储市场或者减少由于知识产权被侵权而带来的财务损失，常常通过向法院提起诉讼，维护自己的权益。表5.5.1.1是检索ProQuest Dialog公司推出的Innography数据库获得的有关美国伊姆西公司专利诉讼数据（原始数据来源于美国联邦法院电子备案系统（PACER）的专利诉讼数据），伊姆西公司在美国作为被告的官司有85件❶。随着中国经济体量越来越大，经济发展对科技创新越来越依赖，中国存储企业逐渐打开欧美市场，中国存储企业面临的知识产权方面的案件将越来越多。

而且，近年来，我们国家大环境正逐渐在改变。例如，2013年，全国法院受理各类知识产权一、二审案件超过11万件，其中北京12464件、上海5158件、广东24843件，中国已跃升为全球受理知识产权案件数量最多的国家。十八届四中全会以"依法治国"为主题，在知识产权方面，中国政府已经开始着手并重视它：2014年8月31日，通过《关于在北京、上海、广州设立知识产权法院的决定》；2014年11月3日，发布《知识产权法院法官选任工作指导意见(试行)》，专门的知识产权法庭也在北京、上海、广东陆续筹建和设立。

因此，中国存储企业应具有战略眼光，加强信息存储技术的专利申请及专利布局。国内相关存储企业，加大研发投入量，要拥有自主知识产权的核心专利技术，只有这样才能制定技术标准和迅速开发相关存储产品，有实力的企业要借鉴西方利用技术壁垒的方法，逐步扩大本土市场占有率。

---

❶ EMC公司在美国的总案件数为129件，其中：作为原告的是43件，作为被告的是85件，1件反诉。

表5.5.1.1　美国的法院受理的部分企业在存储领域知识产权案件情况

被告	美国法院的案件数	备注
EMC Corporation	85	
International Business Machines Corp.	9	
Microsoft Corporation	8	
Hewlett-Packard Company	7	
Oracle Corporation	6	
CA, Inc.	6	
ASUSTEK Computer Inc.	5	
Dell Inc.	5	
Western Digital Corp.	5	
Garmin Ltd.	4	
Vizio, Inc., Irvine, Calif., US	4	初创公司
NetApp Inc.	4	
Samsung Group	4	
Imation Corp.	3	
NA/Individual	3	信息不详
Fujitsu Limited	3	

5.5.2　建议把握好PCT申请的度

PCT是《专利合作条约》（Patent Cooperation Treaty）的英文缩写，是有关专利的国际条约。根据PCT的规定，专利申请人可以通过PCT途径递交国际专利申请，向多个国家申请专利。在引进PCT体系前，在几个国家保护发明的唯一方法是向每一个国家单独提交申请；这些申请由于每一个要单独处理，因此，每一个国家的申请和审查都要重复。PCT的主要目的在于，简化以前确立的在几个国家申请发明专利保护的方法，使其更为有效和经济，并有益于专利体系的用户和负有对该体系行使管理职权的专利局。

PCT国际专利申请首先由专利申请人向其主管受理局提交，由世界知识产权组织的国际局进行国际公开，并由国际检索单位进行国际检索。如果申请人要求的话，该国际专利申请由国际初步审查单位进行国际初步审查。国际检索的目的是提供与该国际专利申请有关的现有技术资料；国际初步审查的目的是为该国际专利申请提供有关其新颖性、创造性和工业实用性的初步审查意见。经过国际检索、国际公开以及国际初步审查（如果要求了的话）这一国际阶段之后，专利申请人办理进入国家阶段的手续。

根据中国专利法的规定，中国人在中国递交PCT专利国际申请，必须委托在中国依法设立的专利代理机构办理，其他单位和个人均无法完成这一过程。应当注意是，专利申请人只能通过PCT申请专利，不能直接通过PCT得到专利。要想获得某个国家的专利，专利申请人还必须履行进入该国家的手续，由该国的专利局对该专利申请进行审查，符合该国专利法规定的，授予专利权。

世界知识产权组织统计，2014年中国公司在PCT框架下共提交了25539件国际专利申请，年增长率为18.7%，系全球唯一出现两位数增长的国家。美国仍是PCT国际专利申请最多的国家，2014年申请数为61492件，占全球数量的28.7%；其次是日本有42459件，占19.8%；中国排在第三位，占总量的11.9%。世界知识产权组织统计显示，中国的华为技术有限公司以3442件的申请数超越日本松下公司，成为2014年的最大申请人（详细情况请参考图5.5.2.1）。美国高通公司排第二，中国的中兴通讯公司排第三。

国际专利申请的快速增长凸显出知识产权日趋重要，知识产权正从全球经济体系的外围转向中心。但是，由于目前信息存储领域的中国公司产品的主要市场是中国，而专利为属地主义，专利的申请与维护费用极高，因此若有的中国公司的长期定位是中国市场，建议上述公司不要花费巨额金钱进行全球布局。而且，PCT国际专利申请中，由于语言的转换与申请权利范围撰写的不合理，许多好的创造发明并未取得对等的权利范围保障，因此会降低专利的价值。我们建议，若专利申请和维持费用预算不足时，可以先走PCT程序，在了解专利技术的发展前景或相关预算充足的情况下，再考虑进入国家阶段。

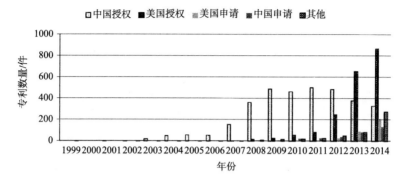

图5.5.2.1　1995~2014年华为公司在信息存储领域专利布局情况

5.5.3　建议加强存储介质相关技术研究

从本书查询的中国专利申请情况看，我国的企业如易拓，高校如浙江大学、华中科技大学、南京大学、中山大学、复旦大学等单位，已在存储介质的研究方面取得了部分成果，但参与机构较少，反映对存储介质基础研究方面重视不够。假定若干年后，中国的存储系统市场基本上被中国企业占有，或者我们大量出口存储系统到国外时，我国生产存储系统的企业，可能会遇上类似DVD或LED面板的"困境"：国外公司收取高额专利费或国外公司控制存储介质类设备的销售。

例如，随着存储技术的发展，许多新型非易失性存储器（Non-Volatile Memory，NVM）相继出现，如相变存储器（Phase change memory，PCM）、磁阻式随机存储器（Magneto resistive Random-Access Memory，MRAM）、铁电存储器（Ferro electronic RAM，Fe-RAM）、阻变式存储器（Resistive Random Access Memory）等。这些新型存储器件集成度更高、功耗更低，将来既可能作内存使用，也可能大规模替换传统磁盘。

因此，我们认为，政府部门应积极引导、鼓励国内企业、高校和科研院所开展存储介质类的相关基础研究，注重相关专利申请和布局。

5.5.4 建议实行"拳头产品"+"专利"的策略

近年来，我国企业对于知识产权的认识有所增强，但是保护和防范意识薄弱。在过去的一段时间内，我国企业长期受计划经济的影响，没有将知识产权作为企业的无形资产进行重视，知识产权意识普遍不强，主要表现在专利申请方面，企业对自己的重要科技成果不是及时申请专利而是热衷于申报科技成果奖，科技成果商品化较低。有学者统计，以前我国每年取得省部级以上重大科技成果有3万多项，而申请专利的不到10%，近年来有所改善，但专利转化率仍然不高。企业的知识产权保护和防范意识比较差，很多存在侥幸心理，只有当出口产品在海关截获、受阻时，才开始重视，采取措施。

建议我国存储企业在产品规划期，应将自己的中高端产品纳入专利保护范围，我们认为，有高质量专利支撑的产品才可能形成市场上的竞争力。

5.5.5 建议推行"非均衡发展"专利发展战略

信息存储技术的基础专利多为美国专利，美国专利占高引频次的核心专利绝大部分。这与美日两国存储相关企业各自的研发实力与专利战略定位是密不可分的。对于拥有庞大存储市场的一个发展中大国而言，中国在信息存储技术领域应执行"非均衡发展"的专利战略。

在我国有一定科技优势且与国际先进水平相差不大的海量存储系统技术领域，要积极实行基础专利优先的核心专利战略，掌握该领域的核心专利技术，并积极进行专利布局；而在比较成熟的但重要的固态存储技术领域，要实行"跟随"专利战略和"拿来"专利战略，通过技术改良专利战略与收购核心专利技术并行的手段来提升我国存储企业产品的竞争力；

而在一些非常成熟的磁（记录）盘、光盘、磁带等存储技术领域，要实行"突围"的专利战略，应积极结合新型存储器介质的特点和发展趋势，扬其长避其短，研发新型存储器件替换或部分替换传统的磁盘、光盘、磁带等存储器件，达到另辟蹊径，突破"专利重围"的目的。

我国与世界先进国家在信息存储技术专利差距无论在数量上，还是实质上都有巨大差距。在信息存储技术内，我们掌握的核心技术还非常少，因此还不具备技术竞争和市场竞争上的优势。就中国信息存储业界而言，应积极面向国家需要，重点关注那些信息存储研究热点领域，在对外合作中要真正与最顶尖的存储公司和研究单位就核心技术展开合作，争取掌握存储核心专利技术。

5.5.6　建议我国存储企业推行外围专利战略

当前，发达国家的IT企业在信息存储行业处于技术垄断的地位，全球范围内大量的信息存储技术专利申请保护了先进的技术不能为他人未经允许而使用，从而促进这些发达国家的存储企业进一步垄断。我国存储企业无法在核心技术上同这些国际大公司竞争，但是对于我国的中小企业来说还是有机会突破的。办法之一就是学习日本和韩国利用外围专利战略。如在存储系统方面，若分析某一系统结构特点，设计出一种新的架构达到同样功能是可能的，从而可申请新的架构方面的专利；在存储器件方面，新型非易失性存储器（NVM）成熟产品还未明朗化，同步开展研究，并申请专利，为将来专利互相许可使用打下基础。

相对于基础专利、核心专利，外围专利的研究改进是基于核心专利来进行的。若大量申请围绕核心技术专利的改进专利，对其形成包围之势，这样，虽然外围专利的拥有者仍然不能直接使用别人的核心专利，但是，在市场上，核心专利如果具体实施的时候也会碰到这些外围的"篱笆"，这样就可以形成"交叉许可"，双方互相使用对方的专利，而不互相诉讼专利侵权。从对信息存储领域核心专利技术不同程度的改进所形成外围专利，如优化存储产品性能，提高存储系统可靠性、可用性、安全性等，如果外围专利量大，具有相关存储技术核心专利的企业如果在具体实施的时候需要这些外围的专利，可以通过双方互相授权的"交叉许可"方式使用对方的专利，就可以避免专利的侵权，实现双赢。

日本企业精于此道，有学者称之为"篱笆"专利战略。二十世纪六七十年代，日本企业开始大量出口产品，当时日本企业没有核心技术和专利。例如，表5.5.6.1所示，日本企业在信息存储领域总专利数众多，但核心专利数占的比重非常小。这样，当美国等国家的企业有一个关键的、关于某项产品的基本原理的核心专利时，日本企业就会围绕该核心技术开发出一系列的专利，每一个专利都有不同程度的改进。这些改进专利覆盖了将该核心技术投入商业应用时可能采用的最佳产品结构。这样，它们给原技术的所有者对该技术的有效利用造成了困难，然后"篱笆"专利的所有者就可据此迫使对方同意交叉许可，从而获得对核心技术的使用权。

表5.5.6.1　1995~2014年部分日本机构总专利数、核心专利数情况

机构中文名称	机构英文名称	总专利数/件	核心专利数/件
松下公司	Panasonic Corporation	27072	2012
日立公司	Hitachi, Ltd.	22035	2110
索尼公司	Sony Corporation	20864	3022
东芝公司	Toshiba Corporation	21244	2408
佳能公司	Canon Inc.	18378	1752
日本电气株式会社	NEC Corporation	12785	697
富士通公司	Fujitsu Limited	14155	1235
理光公司	Ricoh Company Ltd.	11587	890
富士胶卷控股公司	FUJIFILM Holdings Corp	10240	556
三菱公司	Mitsubishi Electric Corporation	11107	332
夏普公司	Sharp Corporation	11069	660
精工控股公司	Seiko Holdings Corporation	10131	576

虽然一些知识产权专家认为，日本人的专利件数意义不大，但另外一种观点却认为，即使日本人的专利大多是小项目，但也会限制竞争者，并迫使美国公司把大量的专利技术转让给他们，这也使同西方国家交换专利技术时，日本企业会处于对等地位，甚至有优势。例如表5.5.6.2所示，日本企业同核心专利数占优的美国企业相比，相关专利诉讼数不相上下。

表5.5.6.2　1995~2014年全球部分机构在美国的专利诉讼数情况

中文名称	机构英文名称	所有专利诉讼数
松下公司	Panasonic Corporation	333
日立公司	Hitachi, Ltd.	159
索尼公司	Sony Corporation	570
东芝公司	Toshiba Corporation	303
国际商业机器公司	International Business Machines Corp.	251
三星公司	Samsung Group	619
佳能公司	Canon Inc.	179
日本电气株式会社	NEC Corporation	124
富士通公司	Fujitsu Limited	217
理光公司	Ricoh Company Ltd.	90
富士胶卷控股公司	FUJIFILM Holdings Corp	75
SK海力士	SK Hynix Inc	84
英特尔公司	Intel Corporation	246
三菱公司	Mitsubishi Electric Corporation	71
夏普公司	Sharp Corporation	148
微软公司	Microsoft Corporation	502
惠普公司	Hewlett-Packard Company	528
精工控股公司	Seiko Holdings Corporation	99
LG公司	LG Electronics Inc.	426
西门子公司	Siemens AG	202

5.5.7 建议实施专利收买战略

专利收买战略也称专利技术投资战略，即购买他人的专利权（包括申请权）加以开发利用，提高技术水平，增强企业技术实力，再结合自身的优势，进而发挥这些被收买专利的应有作用。虽然增强企业活力和生命力的因素非常多，但是大量事例和数据表明，知识产权是企业赖以生存的最重要的因素之一，而知识产权范畴中最重要的也最复杂的内容是专利，可以说专利关乎很多企业生存基础和生命。

"天下大势，分久必合，合久必分"，美国希捷公司收购迈拓公司，美国博科公司收购McDATA公司，美国昆腾公司收购ADIC公司，这三桩并购都是"各自领域市场占有率第一名收购第二名"。当伊姆西公司看到云计算和虚拟化将是IT产业未来发展的主要推动力时，伊姆西公司于2004年以约6.5亿美元收购了VMware公司，如今VMware的市值已超过400多亿美元，10年时间内，VMware的市值增长了60多倍，这说明伊姆西公司当初的收购大获成功。有分析人士认为，美国伊姆西公司收购低成本容灾厂商Kashya目的很明确：远程容灾市场本是EMC最为稳固的根据地，但Kashya的出现令很多原本不具备容灾功能的通用中低端产品都有机会染指这一领域，而且其明显的成本优势已经开始对EMC形成威胁。趁Kashya尚未壮大成势之前火速掐断这棵"幼苗"，对维护EMC在容灾市场的统治地位当然是事半功倍。伊姆西公司2009年7月以市场溢价85%收购较小的存储企业Data Domain。此举背后动因是，在销售收入难以持续增长下，大型科技企业越来越愿以收购方式取得更大幅度增长。当伊姆西公司看到安全解决方案必须整合和嵌入到架构当中去的趋势时，伊姆西公司在2006年以2121亿美元的非常惊人价格收购了RSA。RSA在被伊姆西公司并购之后，整个的业务和收入增长非常快，2008年整个收入达到了6亿美元。在大企业收购小企业后，前者的市场规模和市场定价权力在增加，增加其他对手在分类市场中的竞争阻力。

截至2015年2月，IBM公司（International Business Machines Corp.）有313个子公司，伊姆西公司（EMC Corporation）有130个子公司（如表5.5.7.1所示），日立公司（Hitachi, Ltd.）有489个子公司，闪迪公司（SanDisk Corporation）有61个子公司。

表5.5.7.1 美国伊姆西公司子公司列表

子公司名	子公司名	子公司名
EMC	VMware UK Limited	EMC International Holdings
EMC-DG	EMC (Benelux) B.V.	EMC Manufacturing Division
Nlayers	EMC Data Computing	The Cloudscaling Group Inc
Mozy Inc	Kashya Israel Ltd.	VMware Singapore Pte. Ltd.
CSCI, Inc	Kazeon Systems Inc	EMC Computer Systems France
EMC Brasil	Legato Systems Inc	EMC Computer Systems Italia
EMC Canada	Pivotal Labs, Inc.	EMC Corporation - Englewood
Mozy, Inc.	VMware Canada Inc.	EMC Corporation-New Zealand
II M C Corp	VMware France SAS.	EMC Global Holdings Company
Iomega Corp	VMware Israel Ltd.	Greenplum, Inc., California
Propero Ltd	VMware Spain, S.L.	VMware Switzerland S.a.r.l.
Valyd, Inc.	Wysdm Software Inc	Blue Lane Technologies, Inc.
AirWatch LLC	Archer Technologies	RSA Security Ireland Limited
Nicira, Inc.	Configuresoft, Inc.	Vmware International Limited
Tablus, Inc.	VMware Denmark ApS.	EMC Computer Systems Spain Sa
VMware, Inc.	VMware Global, Inc.	EMC Corporation - Santa Clara
VMware, K.K.	VMware Italy S.r.l.	VMware Marketing Austria GmbH
Bus-Tech Inc.	B-Hive Networks, Inc	EMC Computer Systems Venezuela
EMC Australia	Data Domain Japan KK	EMC Corporation - Southborough
Akimbi Systems	EMC Computer Systems	EMC Sales & Marketing Division
Allocity, Inc.	EMC Deutschland GmbH	VMware Software India Pvt. Ltd
Tricipher Inc.	Isilon Systems, Inc.	Data Domain Singapore Pte. Ltd.
Data Domain Inc	Springsource Limited	Eastbourne Motoring Centre Ltd.

子公司名	子公司名	子公司名
Data Domain LLC	VMware Bulgaria EOOD	EMC Computer Systems AS, Norway
Maginatics Inc.	Voyence, Inc., Texas	RSA Security Australia Pty Ltd.
Objectiva China	Deetaa Jieneraru Corp	EMC Computer Systems (U.K.) Ltd.
SKY SOCKET, LLC	EMC Document Sciences	Netwitness Corporation, Virginia
Captiva Software	EMC Sales & Marketing	Network Intelligence Corporation
Data Domain B.V.	Nicira Networks, Inc.	Shavlik Technologies Corporation
Documentum, Inc.	VMware Eastern Europe	EMC Computer Systems (FE) Limited
EMC-Southborough	Gemstone Systems, Inc.	EMC Computer Systems Austria GmbH
MomentumSI, Inc.	VMware Bermuda Limited	EMC Information Systems Sweden AB
Rainfinity, Inc.	EMC Information Systems	EMC Computer Systems (Benelux) B.V.
RSA Security Inc	RSA Security Japan Ltd.	EMC Consumer/Small Business Products
RSA Security LLC	RSA Security UK Limited	Wavemaker Software, Inc., California
SlideRocket Inc.	VMware Netherlands B.V.	Avamar Technologies, Inc., California
VMware Sweden AB	EMC Computer Systems A/S	EMC Information Systems International
VMware California	RSA Security France SARL	EMC International U.S. Holdings, Inc.
Yotta Yotta Inc.	Silver Tail Systems Inc.	Iomega Corporation 1821 West 4000 South
Data General Corp	VMware Australia Pty Ltd	Objectiva Software Solutions, California
EMC del Peru S.A.	VMware Hong Kong Limited	EMC Computer Systems (South Asia) Pte LTD
EMC Manufacturing	Conchango (Holdings) Ltd.	VMware Information Technology(China) Co. Ltd
RSA Security B.V.	Pi Corporation Washington	—
RSA Security GmbH	SpringSource Global, Inc.	—

本书在专利查询过程中，考虑了部分并购情况，由于信息存储领域并购频率较高，众多创新公司起起落落，不可避免地遗漏了部分公司，但是，从呈现的这种现象上看，信息存储技术的"并购"有其合理性，能快速切入市场，推出适应用户细分需求的产品。因此，对于有一定规模和资金较雄厚的信息存储企业，鼓励走出国门，收购或兼并国外的具有核心技术的小型创新公司。

5.5.8　建议重视信息存储领域失效专利的开发利用

失效专利从法律角度解释是超过了法律的保护期限，失去国家法律保护；但从技术角度上分析，仍具有很高的含金量和应用价值。尤其在信息存储技术激烈竞争和创新中，失效专利是一种亟待开发的重要信息资源。比如，某项专利的所有人没有在我国申请专利保护，该项专利对于我国来说，就是失效专利或无效专利。只要我国仿造的专利产品不出口到该专利申请的国家或地区就不算侵权。由于这类申请在国外可能已被授权，科技含量较高，但不受我国专利法保护，不必耽心引起知识产权纠纷，所以可以放心大胆借鉴利用。

发达国家把失效专利作为宝贵的信息和技术资源，充分挖掘失效专利的价值，再进行进一步创新。据日本估算，通过使用失效专利大约可节省60%的研发时间和90%的研发费用。据统计，全球每年申请的专利中，有4/5 没有申请中国专利；在全球5000 余万件专利中，有4930 多万件专利不受我国法律保护，成为公知公用技术。又如表5.5.8.1所示，截止本书的查询日期，美国伊姆西公司的失效专利高达5029件。

表5.5.8.1　美国伊姆西公司专利情况❶

统计项目	数量/件
总的有效专利数	6479
处于有效期的授权专利数	5017
正在申请专利数（已公开）	1462
失效专利数	5029
总专利数	11508

　　信息存储领域创新能力薄弱已成为制约我国信息存储行业发展的瓶颈。因此，我国信息存储企业应合理有效地利用现有资源、促进创新能力提升。在这种背景下借鉴国际经验、进行自主创新的同时，利用失效专利对国外先进技术进行消化、吸收、模仿直至二次创新，既可以为我国信息存储企业节约大量研发及市场培育方面的费用，降低投资风险，也回避了市场成长初期的不稳定性，降低了市场开发风险，是一种既简便又经济的技术创新途径。

5.5.9　建议重视标准和知识产权的专业人才队伍建设

　　企业知识产权人员的工作内容：申请专利；收集和提供信息情报；处理有关知识产权法律事务；监控其他公司的专利申请；进行企业知识产权教育培训；专利许可证贸易等。此外还负责收集整理竞争对手的专利情报信息，提出对策分析意见，供研究开发以及决策部门参考。根据欧洲专利局的统计，欧洲每年大约要浪费200亿美元用于重复项目的开发投资。若能充分利用专利文献，则能节约出40%的研发经费用于高水平的研究工作，同时为科研人员节约时间，少走弯路。近几年，在国家政策支持下，

---

　　❶　本表显示的EMC公司的有效专利数为6479，如果排除有小部分专利在多个国家同时申请，即去重后有效专利数为4520。

部分存储企业成立研究院或研发中心，进行标准跟踪和专利分析研究。但是，配备专职人员管理和从事知识产权事务的人才在研究机构所占比例低，人才队伍的结构性矛盾十分突出，我国存储企业研究开发人才队伍还处于发展初级阶段，创新能力薄弱。据瑞士洛桑国际管理学院《2003年国际竞争力年报》，在知识产权专业专职人员方面，美国的IBM公司仅专利工程师就有500余人，德国西门子公司在外围为知识产权服务的工作人员达1500人，美国杜邦公司仅知识产权专业律师就有60多人。日本索尼公司知识产权专业管理人员多达400人[11]，仅从事索尼SONY商标管理工作的就有10多人。

可喜的是，中国相关企业已意识到知识产权专业人才的重要性，例如，华为公司在信息存储领域的发明人分布全球（如图5.5.9.1所示），华为公司已逐渐建立了一支高效的知识产权专业队伍，为该公司分布在全球的信息存储领域发明人提供知识产权方面的专业服务。

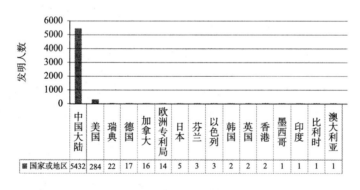

	中国大陆	美国	瑞典	德国	加拿大	欧洲专利局	日本	芬兰	以色列	韩国	英国	香港	墨西哥	印度	比利时	澳大利亚
■国家或地区	5432	284	22	17	16	14	5	3	3	2	2	2	1	1	1	1

图5.5.9.1　1995~2014年在信息存储领域华为公司发明人分布情况

5.5.10　建议优先使用国内存储产品

在全球市场上，国内存储企业要与国外品牌同台竞争，必须要跨越技术、资金、品牌三道鸿沟。但在中国市场，技术研发和品牌推广是一个漫长的过程。数据（或信息）的存储（保护）有其特殊性——数据的丢失、破坏或被窃取等会给相关单位带来经营或单位形象等方面的巨大损失和影响，为保证数据可靠存储、不丢失，国内政府或企事业单位一般更愿意使用高端国际存储产品。

但是，在国防、安全、商务等领域，关键信息的保密非常重要。在商业领域，有时候一个数十kb大小的文件泄露就可能造成几百万、几千万的经济损失，而在国防和安全领域，机密文件如果被泄露到别有用心的敌人手中，造成的后果可能极为严重，其损失远远不能用金钱来衡量。英国电信的安全研究中心曾在2009年做过一个实验，他们跟数所大学合作从不同渠道收购了350块被人放弃或者流入到二手市场的硬盘，然后着手看是否能够还原出里面的数据。结果让人吃惊：研究人员发现37%的硬盘（130块）通过简单的数据恢复软件就可以找回敏感的个人和企业数据，里面的内容甚至包括个人薪酬、财务资料乃至于信用卡账号等。最令人震惊的是，在一块购买自eBay的二手硬盘中，竟然保存有美国战区导弹防御系统一份导弹试射详细流程的文档。又如，处理器、网络甚至硬盘的预置式"后门"也加大了敏感数据泄露风险：继2013年硅谷安全专家史蒂夫·布兰克（Steve Blank）、国际知名的安全技术研究专家乔纳森·布罗萨德（Jonathan Brossard）披露美国国家安全局（NSA）在Intel和AMD处理器上留下"难以察觉而且无法解决"的安全后门，2014年中国国内网络安全权威技术部门披露美国思科公司的路由器存在严重的预置式"后门"之后，2015年2月14日，俄罗斯的卡巴斯基实验室披露了美国国家安全局（NSA）制造出了可以藏匿在硬盘驱动器中的间谍软件，西部数据、希捷、东芝等顶级制造商生产的硬盘无一幸免。可见，数据泄露问题是非常普遍，非常严重。因此，建议政府相关部门在建立"数据中心""灾备中心"等过程中，率先使用国内存储产品，起示范作用，帮助国内存储企业创造良好的发展环境，有利于国产品牌的创立和进步。

5.5.11 信息存储技术标准战略、知识产权战略与专利战略的协同发展

美国学者Leonard Berkowitz在"怎样充分利用你的专利"（"Getting the Most from Your Patents"）一文中对专利战略下了如下定义：专利战略是保证你能保持已获竞争力的工具（Patent strategy is a tool for ensuring that you can keep the competitive advantage you have earned）。日本学者斎藤优在《发明专利经济学》一书中定义为，专利战略就是如何有目的地、有效地利用专利制度的方针。一般认为，专利战略是指运用专利及专利制度的特性和功能去寻求市场竞争有利地位的战略。

信息存储产业已成为世界经济发展的基础性、支柱性、先导性和战略性产业，信息存储技术标准正逐渐成为经济全球化竞争的重要手段。技术标准离不开专利，技术标准的背后往往以大量的专利作支撑。标准化战略或者说技术标准战略与专利战略乃至国家层面的知识产权战略密切相关。有学者认为，标准化战略甚至被认为是实施知识产权战略的最高层次的境界，是最高级的知识产权战略。在标准化战略中，专利技术标准战略具有举足轻重的地位，专利技术以"技术标准"的形式存在，能够在更大范围内发挥其专有性效用。以专利技术为支撑的技术标准许可能够为标准的拥有者带来巨大的经济效益，这就使得专利技术常常被作为发达国家一些大公司技术标准战略的重要组成部分。当今的国际经济竞争，技术竞争越来越激烈，其核心已逐步演变为专利之争和标准之争。技术标准与专利技术紧密结合，实质就是知识产权垄断，技术标准的背后是专利，专利的背后是巨大的经济利益。在"技术专利化—专利标准化—标准垄断化"的全球技术许可战略中，掌握了标准的制定权，相应的技术就成为了主导标准，因此也就掌握了市场的主动权。信息存储技术标准包含了专有技术，信息存储领域跨国公司利用知识产权的垄断性和技术的标准化最终实现在技术和产品上的竞争优势。因此，信息存储企业作为信息存储技术创新的主体，在提高自身竞争力的过程中，必须关注信息存储技术标准战略、知

识产权战略与专利战略的协同发展。

我国的高校和研究院所在磁盘阵列技术、并行与分布式存储系统、存储管理、存储软件等相关核心技术研究方面处于国际前列，而国产存储产业基础薄弱，随着"十一五""十二五"在存储方面开始重视并加大投入，自有品牌存储产品占国内存储市场的份额从2008年不到10%提升到2014年超过40%（数据来源IDC），存储系统产品从中低端向高端迈进。同时，华中科技大学、浪潮公司等联合国内存储企业、研究院所等向科技部建议成立了"信息存储产业技术创新战略联盟"，采取产学研结合的办法，充分发挥高校和研究机构技术领先优势，并结合大型企业的工程化研制和管理优势，研制先进的信息存储软硬件系列产品，以全方位地满足我国相关领域对网络存储系统的高性能、高可用、可扩展、易管理的需求，推动其技术进步。

目前，国内相关的存储技术研发单位在研究开发过程中，已认识到标准制定对存储技术产业化推进的重要性。例如，从2007年春季开始，华中科技大学发起并联合多家公司向工业和信息化部（原信息产业部）建议并推动国内存储标准的制定工作以及标准化工作组的建立；2009年依托中国电子工业标准化技术协会成立了移动存储标准工作委员会（原移动存储标准工作组）和海量存储标准工作委员会。华中科技大学牵头制定两项电子行业标准《磁盘阵列通用规范》和《SCSI基于对象的存储设备命令》，参与完成国家标准《硬磁盘驱动器通用规范》（GB/T 12628-2008）的修订，正牵头制定国家标准"分布式异构存储管理规范"、电子行业标准"固态盘通用规范"等。

又如，目前移动存储市场主要有多种事实标准，即以松下、东芝与美国闪迪公司（SanDisk Corporation）技术为核心的SD（Secure digital memory Card）标准，以三星、诺基亚技术等为核心的MMC（Multimedia Card）多媒体卡标准，晟碟公司（SanDisk Corporation）独推的CF

（Compact Flash）标准以及索尼公司封闭的记忆棒等，中国企业目前承受着6%的专利授权费，而这使得中国厂商在这一领域基本无法获得利润。但是，中国普天公司牵头制订了智能移动存储标准，该标准瞄准了国外已有标准的不足，强调应用和服务，它弥补了目前移动存储标准中功能定位单一、缺乏附加价值的缺点，智能移动存储标准给整个移动存储产业带来了新的机遇。

总之，在标准化方面，我国加大了推动力度，进行了信息存储技术标准化体系探讨，并逐步明确工作重点，以期通过标准制定工作促进我国企业在和国外存储厂商争夺存储产业和市场的话语权。

参考文献

[1] Web of Science 平台. 汤森路透（Thomson Reuters）德温特世界专利创新索引（DII, Derwent Innovations Index）数据库. http://apps.webofknowledge.com. [2015].

[2] ProQuest集团Dialog公司开发的专利信息检索和分析平台. https://app.innography.com. [2015].

[3] 汤森路透知识产权与科技. Thomson Innovation专利检索分析平台. https://www.thomsoninnovation.com. [2015].

[4] 国家知识产权局专利数据服务试验系统.http://patdata2.sipo.gov.cn/front/index. [2015].

[5] 国家知识产权局专利检索及分析平台. http://www.pss-system.gov.cn/sipopublicsearch/search/searchHomeIndex.shtml. [2015].

[6] 国家知识产权局, IPC分类查询平台. http://epub.sipo.gov.cn/ipc.jsp. [2015].

[7] Dmitri B. Strukov, Gregory S. Snider, Duncan R. Stewart and R. Stanley Williamsm. The missing memristor found. Nature (453)80−83，May 2008.

[8] 缪向水. 面向大数据时代的信息存储与计算融合的忆阻器研究. 下一代数据中心存储技术协同创新高端论坛. 2015.

[9] 张琪.专利检索与分析方法的选择研究. 科技管理研究. 2012(11):175−179.

[10] 王智超.第三方崛起 告别中国存储市场寡头时代. http://storage.

doit.com.cn/article/2007/0730/2464437.shtml. [2007].

　[11]王瑶. 论我国企业知识产权管理战略. 西安财经学院学报,2007(20):74-78.

附　录

附录1　信息存储领域外国企业信息对照表

企业全称	中文名称	国籍	公司网址	DII代码❶
Actifio, Inc.		美国	http://www.actifio.com	ACTI
ASG Software Solutions		美国	http://www.asg.com	ASGL
Avago Technologies	安华高科技	新加坡	http://www.avagotech.com	AVAG
AVERE SYSTEMS Inc.		美国	http://www.averesystems.com	AVER
AXCIENT		美国	http://axcient.com	AXCI
BACKUPIFY		美国	http://backupify.com	BACK
Brocade Corporate	博科通信系统有限公司	美国	http://brocade.com	BROC
Canon Inc.	佳能有限公司	日本	http://www.canon.com.cn	CANO
Cisco Systems, Inc.	思科系统公司	美国	http://www.cisco.com	CISC
CommVault Systems	康孚系统公司	美国	http://www.commvault.com	COMM
Daewoo International Corporation	大宇国际	韩国	http://www.daewoo.com	DEWO
DATADIRECT NETWORKS		美国	http://www.ddn.com	DATA
Dell, Inc.	戴尔股份有限公司	美国	http://www.dell.com	DELD
DROPBOX		美国	http://www.dropbox.com	DROP

---

❶ 本附录没有严格区分专利权人的标准代码（Standard Codes）和非标准代码（Non-Standard Codes），统一取仅前四个英文字母。

企业全称	中文名称	国籍	公司网址	DII代码
DRUVA		美国	http://www.druva.com	DRUV
EMC Corporation	伊姆西公司	美国	http://www.emc.com	ECEM
Emulex Corperation		美国	http://www.emulex.com	EMUL
FalconStor Software	飞康软件公司	美国	http://www.falconstor.com	FALC
Fuji Xerox Co., Ltd.	富士施乐有限公司	日本	http://www.fujixerox.com	XERF
FUJIFILM Corporation	富士胶卷公司	日本	http://www.fujifilm.com	FUJF
Fujitsu Limited	富士通株式会社	日本	http://www.fujitsu.com	FUIT
Hewlett-Packard Development Company, L.P.	惠普公司	美国	http://www.hp.com	HEWP
Integrated Electronics Corporation	英特尔集成电路公司	美国	http://www.intel.com	ITLC
International Business Machines Corporation	国际商业机器公司	美国	http://www.ibm.com	IBMC
Kaminario		美国	http://www.kaminario.com	KAMI
Kingston Technology Corporation	金士顿科技公司	美国	http://www.kingston.com	KING
Koninklijke Philips Electronics N.V	荷兰皇家飞利浦公司	荷兰	http://www.philips.com	PHIG
LG Electronics Inc.	LG电子有限公司	韩国	http://www.lg.com	GLDS
Marvell Technology Group Ltd.	美满科技集团有限公司	美国	http://www.marvell.com	MVLL
Micron Technology, Inc.	美光科技公司	美国	http://www.micron.com	MCRN
Microsoft Inc.	微软公司	美国	http://www.microsoft.com	MICT

企业全称	中文名称	国籍	公司网址	DII代码
Mitsubishi Electric Corporation	三菱电机株式会社	日本	http://www.mitsubishielectric.com	MITQ
Nakivo Inc.		美国	http://www.nakivo.com	暂缺
Nasuni Corporation		美国	http://www.nasuni.com	NASU
NetApp	网存公司	美国	http://www.netapp.com/us	NTAP
Nimbus Data Systems, Inc.		美国	http://www.nimbusdata.com	暂缺
Nippon Electric Company Limited	日本电气株式会社	日本	http://cn.nec.com	NIDE
NTT Communications Corporation	日本电话电报公司	日本	http://www.ntt.com	NITE
Nutanix Inc.		美国	http://www.nutanix.com	NUTA
Oracle Corporate Groups	甲骨文股份有限公司	美国	http://www.oracle.com	ORAC
Panasas		美国	http://www.panasas.com	PANA
Panasonic Corporation	松下电器株式会社	日本	http://www.panasonic.com	MATU
PMC-Sierra, Inc.	博安思通信科技有限公司	美国	http://pmcs.com	PMCS
Pure Storage, Inc.		美国	http://www.purestorage.com	PURE
QLogic Corp.		美国	http://www.qlogic.com	QLOG
RICOH CO.LTD.	理光公司	日本	http://www.ricoh.com.cn	RICO
Riverbed Technology		美国	http://www.riverbed.com	暂缺
Rorke Data, Inc.	科柏数据	美国	http://www.rorke.com.hk	RORK
Samsung Electronics Co., Ltd.	三星电子有限公司	韩国	http://www.samsung.com/cn/home	SMSU
SanDisk Corporation	晟碟公司	美国	http://www.sandisk.com	SNDK
Scality		美国	http://www.scality.com	SCAL

续表

企业全称	中文名称	国籍	公司网址	DII 代码
Seagate Technology LLC	希捷科技有限责任公司	美国	http://www.seagate.com	SEAG
SEIKO EPSON CORP.	精工爱普生公司	日本	http://www.epson.com	SHIH
Sharp Corporation	夏普公司	日本	http://www.sharp-world.com	SHAF
Siemens AG	西门子公司	德国	http://www.siemens.com	SIEI
Silicon Motion Technology Corp.	慧荣科技股份有限公司	美国	http://www.siliconmotion.com	SILI
SimpliVity Inc.		美国	http://www.simplivity.com	SIMP
Skyera Inc		美国	http://www.skyera.com	SKYE
SOLIDFIRE		美国	http://www.solidfire.com	SOLI
Sony Corporation	索尼公司	日本	http://www.sony.com.cn	SONY
Spanning Cloud Apps, LLC.		美国	http://spanning.com	暂缺
Symantec Corporation	赛门铁克公司	美国	http://www.symantec.com	SYMC
Talon Storage Solutions		美国	http://www.talonstorage.com	TALO
Tegile, Inc.		美国	http://www.tegile.com	TEGI
TINTRI		美国	http://www.tintri.com	TINT
Toshiba Co.,Ltd.	东芝有限公司	日本	http://www.toshiba.com.cn	TOKE
Unitrends Software		美国	http://www.unitrends.com	暂缺
Violin Memory, Inc.		美国	http://www.violin-memory.com	VIOL
Virtual Instruments		美国	http://www.virtualinstruments.com	VIRT
Western Digital Technologies, Inc.	西部数据科技有限公司	美国	http://www.wdc.com/en	WDIG
X-IO Technologies		美国	http://xiostorage.com	XIOT

附录2 国家（地区）标准代码对照表

Countries and Regions	国家或地区	国际域名缩写
Angola	安哥拉	AO
Afghanistan	阿富汗	AF
Albania	阿尔巴尼亚	AL
Algeria	阿尔及利亚	DZ
Andorra	安道尔共和国	AD
Anguilla	安圭拉岛	AI
Antigua and Barbuda	安提瓜和巴布达	AG
Argentina	阿根廷	AR
Armenia	亚美尼亚	AM
Ascension	阿森松	
Australia	澳大利亚	AU
Austria	奥地利	AT
Azerbaijan	阿塞拜疆	AZ
Bahamas	巴哈马	BS
Bahrain	巴林	BH
Bangladesh	孟加拉国	BD
Barbados	巴巴多斯	BB
Belarus	白俄罗斯	BY
Belgium	比利时	BE
Belize	伯利兹	BZ
Benin	贝宁	BJ
Bermuda Is.	百慕大群岛	BM
Bolivia	玻利维亚	BO
Botswana	博茨瓦纳	BW
Brazil	巴西	BR
Brunei	文莱	BN
Bulgaria	保加利亚	BG
Burkina-faso	布基纳法索	BF
Burma	缅甸	MM
Burundi	布隆迪	BI
Cameroon	喀麦隆	CM
Canada	加拿大	CA

续表

Countries and Regions	国家或地区	国际域名缩写
Cayman Is.	开曼群岛	
Central African Republic	中非共和国	CF
Chad	乍得	TD
Chile	智利	CL
China	中国	CN
Colombia	哥伦比亚	CO
Congo	刚果	CG
Cook Is.	库克群岛	CK
Costa Rica	哥斯达黎加	CR
Cuba	古巴	CU
Cyprus	塞浦路斯	CY
Czech Republic	捷克	CZ
Denmark	丹麦	DK
Djibouti	吉布提	DJ
Dominica Rep.	多米尼加共和国	DO
Ecuador	厄瓜多尔	EC
Egypt	埃及	EG
EI Salvador	萨尔瓦多	SV
Estonia	爱沙尼亚	EE
Ethiopia	埃塞俄比亚	ET
Fiji	斐济	FJ
Finland	芬兰	FI
France	法国	FR
French Guiana	法属圭亚那	GF
Gabon	加蓬	GA
Gambia	冈比亚	GM
Georgia	格鲁吉亚	GE
Germany	德国	DE
Ghana	加纳	GH
Gibraltar	直布罗陀	GI
Greece	希腊	GR
Grenada	格林纳达	GD
Guam	关岛	GU

Countries and Regions	国家或地区	国际域名缩写
Guatemala	危地马拉	GT
Guinea	几内亚	GN
Guyana	圭亚那	GY
Haiti	海地	HT
Honduras	洪都拉斯	HN
Hongkong	香港	HK
Hungary	匈牙利	HU
Iceland	冰岛	IS
India	印度	IN
Indonesia	印度尼西亚	ID
Iran	伊朗	IR
Iraq	伊拉克	IQ
Ireland	爱尔兰	IE
Israel	以色列	IL
Italy	意大利	IT
Ivory Coast	科特迪瓦	
Jamaica	牙买加	JM
Japan	日本	JP
Jordan	约旦	JO
Kampuchea (Cambodia)	柬埔寨	KH
Kazakstan	哈萨克斯坦	KZ
Kenya	肯尼亚	KE
Korea	韩国	KR
Kuwait	科威特	KW
Kyrgyzstan	吉尔吉斯坦	KG
Laos	老挝	LA
Latvia	拉脱维亚	LV
Lebanon	黎巴嫩	LB
Lesotho	莱索托	LS
Liberia	利比里亚	LR
Libya	利比亚	LY
Liechtenstein	列支敦士登	LI
Lithuania	立陶宛	LT

Countries and Regions	国家或地区	国际域名缩写
Luxembourg	卢森堡	LU
Macao	澳门	MO
Madagascar	马达加斯加	MG
Malawi	马拉维	MW
Malaysia	马来西亚	MY
Maldives	马尔代夫	MV
Mali	马里	ML
Malta	马耳他	MT
Mariana Is	马里亚那群岛	
Martinique	马提尼克	
Mauritius	毛里求斯	MU
Mexico	墨西哥	MX
Moldova, Republic of	摩尔多瓦	MD
Monaco	摩纳哥	MC
Mongolia	蒙古	MN
Montserrat Is	蒙特塞拉特岛	MS
Morocco	摩洛哥	MA
Mozambique	莫桑比克	MZ
Myanmar	缅甸	MM
Namibia	纳米比亚	NA
Nauru	瑙鲁	NR
Nepal	尼泊尔	NP
Netherlands Antilles	荷属安的列斯	
Netherlands	荷兰	NL
New Zealand	新西兰	NZ
Nicaragua	尼加拉瓜	NI
Niger	尼日尔	NE
Nigeria	尼日利亚	NG
North Korea	朝鲜	KP
Norway	挪威	NO
Oman	阿曼	OM
Pakistan	巴基斯坦	PK
Panama	巴拿马	PA

Countries and Regions	国家或地区	国际域名缩写
Papua New Cuinea	巴布亚新几内亚	PG
Paraguay	巴拉圭	PY
Peru	秘鲁	PE
Philippines	菲律宾	PH
Poland	波兰	PL
French Polynesia	法属玻利尼西亚	PF
Portugal	葡萄牙	PT
Puerto Rico	波多黎各	PR
Qatar	卡塔尔	QA
Reunion	留尼旺	
Romania	罗马尼亚	RO
Russia	俄罗斯	RU
Saint Lucia	圣卢西亚	LC
Saint Vincent	圣文森特岛	VC
Samoa Eastern	东萨摩亚(美)	

附录3　专利文献类型及识别代码

Ⅰ　中国专利文献类型及识别代码

2004年7月1日之前发表的专利的文献类型识别代码		
文献类型识别代码	文献类型	2004年7月1日以后
A	发明专利申请公布	无变化
C	发明专利授权公告	用B代替
Y	实用新型专利授权公告	用U代替
D	外观设计专利授权公告	用Y代替
A	发明专利申请公布	无变化
B	发明专利授权公告	新增编码
C	发明专利权部分无效宣告的公告	2004年7月1日之前是发明专利授权公告
U	实用新型专利授权公告	新增编码
Y	实用新型专利权部分无效宣告的公告	2004年7月1日之前是实用新型专利授权公告
S	外观设计专利授权公告或专利权部分无效宣告的公告	新增编码

Ⅱ 美国专利文献类型及识别代码

2001年1月2日之前使用的发明专利的文献类型识别代码		
文献类型识别代码	文献类型	2001年1月2日以后
A	专利	用B1、B2代替
P	植物专利	用P2、P3代替
B1、B2、B3	再审查证书	用C1、C2、C3代替
A1	专利申请公开	授权前公开
A2	专利申请公开（再公开）	授权前公开
A9	专利申请公开（修正）	授权前公开
B1	专利	授权前未曾公开
B2	专利	授权前曾公开
C1、C2、C3	再审查证书	2001年1月2日之前使用的代码B1及B2，从2001年1月2日起用于授权专利
E	再版专利	无变化
H	依法登记的发明	无变化
P1	植物专利申请公开	授权前公开
P2	植物专利	授权前未曾公开
P3	植物专利	授权前曾公开
P4	植物专利申请公开（再公开）	授权前公开
P9	植物专利申请公开（修正）	授权前公开
S	设计专利	无变化

Ⅲ 欧洲专利文献类型及识别代码

文献类型识别代码	文献类型	说明
A1	专利申请说明书	带检索报告
A2	专利申请说明书	不带检索报告
A3	单独出版的检索报告	
A4	对国际申请检索报告所做的补充检索报告	
B1	专利说明书	授予专利权的欧洲专利说明书
B2	新专利说明书	授予专利权的异议后再次公告出版的欧洲专利说明书
B3	限制性修改再次公告说明书	
B8	专利说明书的更正扉页	
B9	专利说明书的全文再版	

Ⅳ　世界知识产权组织专利文献类型及识别代码

文献类型识别代码	文献类型	说明
A1	国际专利申请	带检索报告
A2	国际专利申请	不带检索报告
A3	单独出版的国际检索报告	带修定后的A1首页
A4	稍后公布的修改权利要求/声明和扉页	
A8	国际申请扉页和有关著录项目信息的更正版	
A9	国际申请或国际检索报告的更正版、变更或补充文件	